KAI ALEXANDER QUANTE

Garnelen und Krebse

im Aquarium

76 Fotos
5 Zeichnungen

Ulmer

INHALT

VORWORT

Liebe Leserinnen und Leser,

das vorliegende Buch ist einerseits für Menschen gedacht, die gerade beginnen, sich mit der Haltung von Krebsen und Garnelen zu beschäftigen. Andererseits soll es auch erfahrenen Krebs- und Garnelen-Liebhabern noch ein paar Tipps und Erfahrungen auf den Weg geben, die ich in meiner langjährigen Praxis gesammelt habe.

Ich bedanke mich bei den Weggefährten in der Wirbellosen-Szene, insbesondere bei der Arbeitsgemeinschaft „Wirbellose Tiere der Binnengewässer (AGW)" sowie dem VDA-Arbeitskreis „Wirbellose in Binnengewässern". Persönlich danke ich Andreas Karge, mit dem ich eine Garnelen-Exkursion nach Sri Lanka machen durfte, und Werner Klotz für ihren umfangreichen Einsatz im Bereich der Artenbestimmung bei Garnelen. Christel Kasselmann danke ich für die in diesem Buch verwendeten Pflanzenfotos. Dank auch an meinen Freund Eckhard Fischer, der dieses Buch als Aquarianer ohne Bezug zu Krebsen und Garnelen Korrektur gelesen hat.

Besonders herzlich freue ich mich darüber, dass meine Frau Valeria mich die letzten Monate so lieb unterstützt und angehalten hat, das Buch in der vorliegenden Form zu schreiben.

Braunschweig, im Frühjahr 2008   Kai A. Quante

Weibchen der orangefarbenen Form des Pátzcuaro-Zwergflusskrebses, *Cambarellus patzcuarensis*, mit Eiern.

ZEHNFÜSSER

Krebse und Garnelen erfreuen sich bei Aquarianern seit Ende der 1990er Jahre wachsender Beliebtheit. Waren es anfangs nur einige wenige Arten, die als Sonderlinge ein Nischendasein in den Aquarien verbrachten, so änderte sich das durch Takashi Amano. In seinen herrlich aussehenden Aquarien sorgten *Caridina multidentata* dafür, dass die Algen nicht überhandnahmen. Zum Dank wurden die Tiere Amano-Garnelen getauft. Den richtigen Kick gab es dann, als die rote Zuchtform der bereits seit den 1980er Jahren bekannten Bienengarnele aus Japan zu uns kam. Die Bezeichnung „Crystal Red" war treffend und so hielten die kräftigen Farben auch bei den Garnelen Einzug in die Aquarien. Der Farbtrend ist bis heute kaum gebrochen, doch leider werden die schönen, aber blasseren Wildformen dabei häufig vergessen.

Crystal-Red-Zwerggarnelen beim Fressen überbrühter Petersilie.

Unter den Krebsen wurden zuerst Speisekrebse im Aquarium gehalten. *Cherax destructor* und *Procambarus clarkii* waren dabei die bekanntesten. Mitte der 1990er verbreitete sich dann ein Krebs in der Aquaristik, der 1998 von Uwe Werner als Marmorkrebs bezeichnet worden ist. Uwe beschrieb dort meine letzten Tiere, die er zuvor von mir bekommen hatte. Die extrem einfache Halt- und Züchtbarkeit verhalf nun auch den Krebsen zu einer weiten Verbreitung. Mit den farbigen Krebsen aus Nordamerika, wie der blauen Mutation von *Procambarus alleni*, und der Gattung *Cherax* aus Australien und Neuguinea nahm der Krebs-Boom seinen Lauf. Kleinere Arten der Gattung *Cambarellus* taten ein Übriges.

Verbreitung und Lebensräume

Zehnfußkrebse, zu denen die hier vorgestellten Krebse und Garnelen gehören, kommen rund um den Globus in verschiedenen Biotopen vor. Konzentrieren wir uns auf die im Süßwasser lebenden Arten, so werden von ihnen alle Kontinente mit Ausnahme der Antarktis bewohnt. In fast allen Gewässertypen, deren Temperaturen im Jahresverlauf zwischen 4 °C und 30 °C liegen, finden sich entsprechende Arten. Grob können wir zwei wesentliche Gewässertypen unterscheiden:

- schnell fließende Gewässer – Flüsse und Bäche meist in höheren Lagen;
- stehende oder langsam fließende Gewässer, Seen, Flachlandbäche und -flüsse.

Schnell fließende Gewässer zeichnen sich dadurch aus, dass sie meist wenig höher entwickelte submerse (untergetauchte) Vegetation enthalten. Höchstens findet man in Klargewässern Algen, die auf Steinen wachsen. Der Gewässerboden besteht aus unterschiedlich großen Steinen und Kies. In ruhigeren Zonen gibt es sandige Bereiche und Ansammlungen von Laub und anderen pflanzlichen oder tierischen Resten (Detritus), die in den stärker strömenden Bereichen weggespült werden. Umgestürzte oder abgestorbene Bäume, die ins Wasser gefallen sind, bieten zusätzliche Versteckmöglichkeiten.

In solchen Gewässern leben einerseits **Garnelen**, die mit ihren Scheren feine Futterpartikel aus dem Wasser filtern (Fächerhandgarnelen), und andererseits Arten, die räuberisch Jagd auf Insekten oder Kleinfische machen oder sich von Aas ernähren (Großarmgarnelen). Zwerggarnelen, von denen es auch Arten in Fließgewässern gibt, kommen meist in ruhigeren Wasserzonen vor oder leben in Pflanzen, die vom Ufer aus ins Wasser ragen. Sofern das Meer nicht eine weitere Strecke entfernt ist, als sie das Wasser in ungefähr vier Tagen zurücklegen kann, weisen die Garnelen-Arten meist frei treibende Larvenstadien auf, die im Mündungsbereich der Flüsse aufwachsen.

> **Natürliche Biotope**
> In der Natur gibt es nur äußerst selten dichte, untergetauchte Pflanzenbestände ohne abgestorbene Blätter und Mulm auf dem Gewässerboden, wie wir sie in den Aquarien bevorzugen. Häufig sind dagegen dichte Schichten aus Laub und Mulm in stehenden Gewässern sowie Steine und Geröll in Fließgewässern.

Stromschnelle mit ruhiger Wasserzone im Maskeliya Oya in der Nähe von Kitulgala im Westen von Sri Lanka.

Frei schwimmendes Männchen von *Palaemon concinnus*. Deutlich erkennt man die Schwimmbeine (Pleopoden). Das Tier wurde wenige hundert Meter vor der Mündung des Kalu-Ganga-Flusses gegenüber der berühmten Dagoba von Kalutara im Westen von Sri Lanka gefangen.

Krebse in Fließgewässern verstecken sich gern unter Steinen oder graben sich Höhlen in die Flussufer. Hierbei unterscheiden sie sich kaum von ihren Verwandten aus stehenden Gewässern. Allerdings sind sie meist sauerstoffbedürftiger und vertragen seltener höhere Temperaturen.

Stehende oder langsam fließende Gewässer zeichnen sich durch eine meist umfangreiche Blätter, Kleintiere und abgestorbene Pflanzen enthaltende Schicht am Gewässerboden aus, die den Alt- und Jungtieren Nahrung bietet. Außerdem gibt es häufig dichte Pflanzenbestände im Uferbereich und bei klarem Wasser bis in mehrere Meter Tiefe. Der Sauerstoffgehalt in den unteren Wasserschichten ist relativ gering.

Einige **Garnelen** stehender Gewässer sind graziler gebaut. Sie haben ein längeres Rostrum (die „Nase" oder besser das „Horn" der Garnelen) und längere Beine und Scheren, was in Fließgewässern eher hinderlich wäre.

Krebse aus stehenden Gewässern graben in der Natur häufig Gänge in die Uferböschung und halten sich mit ihren Grabaktivitäten im Aquarium in der Regel kaum zurück.

In tropischen Breiten ist die **Temperatur** relativ konstant, wodurch auch die Wassertemperatur nur unwesentlich schwankt. In den Subtropen sind die Temperaturen jahreszeitlich bedingt Schwankungen unterlegen, wodurch im Sommer die Gewässer teils einige Grad wärmer sind als im Winter.

Körperbau

Der Körperbau von Garnelen und Krebsen ist sehr ähnlich, denn beide gehören zu den Dekapoden, also den **Zehnfußkrebsen**. Somit kann der Körperbau hier verallgemeinert vorgestellt werden.

Dekapoden besitzen ein Exoskelett, auf Deutsch **Außenskelett**, das die Tiere wie ein schützender Panzer umgibt. Dieses Außenskelett besteht im Wesentlichen aus Proteinen, Kalziumkarbonat und Chitin. Im Unterhautbindegewebe sind vielfach Farbzellen enthalten, die bei Garnelen hormongesteuert ausgedehnt oder zusammengezogen werden können.

Der Körper ist in den **Vorderkörper** aus den verschmolzenen Kopf- und Brustabschnitten (Cephalothorax) und den **Hinterleib** (Pleon) geteilt. Der Cephalothorax ist von dem aus einem Stück bestehenden Rückenschild (Carapax) bedeckt. Am Kopf befinden sich zwei gestielte Komplexaugen, zwei Antennenpaare und der Mund mit komplexen Fresswerkzeugen. Die Spitze des Kopfes

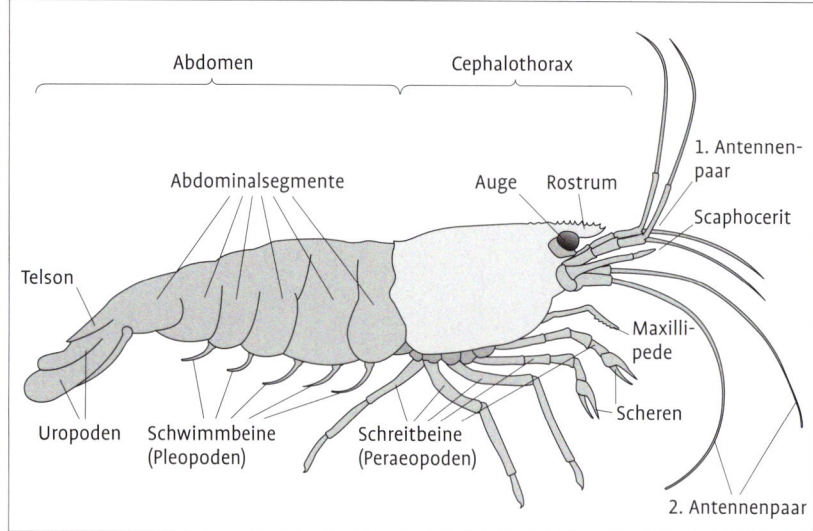

Körperbau eines typischen Zehnfußkrebses.

Bei dieser Crystal-Red-Zwerggarnele kann man das oben gezeigte Grundmuster des Körperbaus deutlich erkennen.

bildet das Rostrum, dessen Form und Bezahnung bei Garnelen ein wichtiges Bestimmungsmerkmal ist.

Alle fünf **Schreitbeinpaare** befinden sich ebenfalls am Cephalothorax. Bei den Krebsen und den Großarmgarnelen ist jeweils ein Paar länger und kräftiger ausgebildet. Bei den Krebsen ist es von vorn gesehen das erste (mit den Scheren) und bei den Garnelen das zweite Paar. Somit hat man ein gutes Unterscheidungsmerkmal zwischen Krebs und Garnele, denn einige große *Macrobrachium*-Arten sind ähnlich kräftig gebaut wie Krebse.

Der **Hinterleib** besteht aus sechs Segmenten, die durch elastische Membranen verbunden sind und jeweils ein **Schwimmbeinpaar** (Pleopoden) tragen. Allerdings sind nur die Garnelen in der Lage, mit diesen Beinen wirklich vorwärts zu schwimmen. Krebse können das nicht. Das ist somit ein weiteres Unterscheidungsmerkmal zwischen Garnelen und Krebsen. An den Schwimmbeinen werden bei den Weibchen die **Eier** getragen und durch unregelmäßige Bewegungen mit Sauerstoff versorgt.

Der **Schwanzfächer** besteht aus Telson und Uropoden. Um zu fliehen, können die Tiere den Hinterleib nach unten einklappen und mit einem Schlag des breiten Schwanzfächers blitzartig nach hinten flüchten. Als pfiffiger Krebsjäger fängt man die Tiere somit am besten, indem man den Kescher hinter sie hält und sie von vorn ein wenig ärgert. Aber Vorsicht, sie drehen sich im Kescher sofort wieder um und sind schnell entwischt.

Nicht fallen lassen!

Krebse hält man am Carapax fest, falls man sie in die Hand nehmen möchte. Dabei ergreift man den Körper wie mit einer Zange von oben links und rechts. Viele Krebse schaffen es nicht, mit ihren Scheren nach hinten zu greifen. Gelingt es ihnen doch, kann das recht blutig und schmerzhaft enden. Und wenn man vor Schreck den Krebs loslässt, heißt das nicht, dass auch er loslässt … Große Garnelen ergreift man ebenfalls am Carapax. Sie können außerhalb des Wassers ihre langen Gliedmaßen nicht anheben. Leider tritt bei kleinen Garnelen gelegentlich das Problem auf, dass durch einen wagemutigen Sprung auf den Boden gefallene Tiere wieder aufgehoben werden müssen. Die in der Regel auf der Seite liegenden Garnelchen bekommt man am Carapax jedoch kaum zu fassen. Da die kleinen Zwerge jedoch recht stabile Antennen haben, kann man sie daran recht gut ergreifen und wieder ins nasse Domizil setzen.

Aus der Haut fahren

Krebse und Garnelen besitzen, wie beschrieben, ein festes **Außenskelett**. Damit sie wachsen können, muss daher der alte Panzer abgestreift werden. Dazu wird ihm der eingelagerte Kalk entzogen, und unter der alten Haut wird eine neue gebildet. Zur **Häutung** platzt das alte Exoskelett hinter dem Carapax an einer Sollbruchstelle auf. Durch pumpende Bewegungen befreit sich das Tier dann von der alten Hülle. Das geschlüpfte Krebstier ist noch sehr weich, weshalb Krebse in dieser Phase auch Butterkrebse genannt werden. Durch Aufnahme von Wasser können Krebse und Garnelen nun größer werden, da die neue Haut noch dehnbar ist.

Die folgende **Aushärtung** des Panzers kann mehrere Tage dauern. Während dieser Zeit zieht sich das Tier in ein Versteck zurück, um Fressfeinden nicht

zum Opfer zu fallen. So weich und saftig ist es nämlich ein willkommener Happen für Fische oder andere Krebse. Abgetrennte oder verlorene Scheren und Beine können ersetzt werden und sind nach mehreren Häutungen in der Regel wieder so groß, wie sie ursprünglich einmal waren. Die Häutung ist der gefährlichste Abschnitt im Leben eines Dekapoden und nicht selten auch der letzte. Nicht nur, dass das Tier direkt vor, bei und nach der Häutung seinen Feinden schutzlos ausgeliefert ist – der Prozess der Häutung ist derart kompliziert, dass dabei einiges schiefgehen kann. So können ein nicht sauber aufgeplatzter alter Panzer oder das Verhaken in der alten Haut schnell zum Tode führen.

In jungen Jahren häuten sich die Tiere relativ oft. Je älter sie werden, umso seltener werden die Häutungen. Bei größeren und alt werdenden Arten können sie dann im Jahresrhythmus erfolgen. Die **Frequenz der Häutung** wird durch die Haltungsbedingungen wie Temperatur und Wasserwechsel, aber auch vom gereichten Futter beeinflusst. So führt sehr proteinreiches Futter zu einem schnelleren Wachstum und somit häufigeren Häutungen. Da viele Krebstiere in der Natur selten nährstoffreiches Futter finden, sind sie einer solchen Mast hilflos ausgeliefert. Sie wachsen dann in ihrem Panzer schneller als sie es verkraften können und versuchen, sich durch Nothäutungen zu retten, was häufig tödlich endet. Leider kann man daher durch gut gemeinte zu reichliche Fütterung seine Tiere verlieren. Sie überfressen sich dann bis zum Platzen.

> **Exuvie**
> Die Hülle, die bei der Häutung übrig bleibt, wird Exuvie genannt. Sie sollte bei Krebsen im Aquarium bleiben, da sie von den Tieren gefressen wird, um die Inhaltsstoffe wieder zu nutzen. Die leblos daliegende Exuvie hat schon vielen Krebshaltern einen Schrecken eingejagt, da sie auf den ersten Blick wie ein verendeter Krebs wirkt.

Frontalansicht einer Exuvie von *Atya gabonensis*.

AQUARIEN FÜR KREBSTIERE

Als Heimat für unsere wirbellosen Freunde kann jedes beliebige Aquarium gewählt werden. Dabei hängt seine **Größe** vom verfügbaren Platz und den gewählten Arten ab. Bei klein bleibenden Garnelen und Krebsen empfehle ich die Verwendung kleinerer Aquarien bis zu 120 l Volumen. Die Mengen an Tieren, die nötig sind, um in einem großen Aquarium zur Geltung zu kommen, kann man häufig auch durch regelmäßige Nachzuchten kaum erreichen.

Was für alle Garnelen und insbesondere Krebse zu beachten ist: Das Aquarium muss gut **abgedeckt** sein. Garnelen springen nachts, wenn sie erschreckt werden, gern aus dem Becken. Sie schaffen es auch manchmal, ihr Heim am Silikonkautschukrand entlang oder über die Filtermatte zu verlassen. Krebse sind wahre Ausbruchskünstler. Größere Tiere können sogar aufgelegte Deckscheiben anheben! Und eins ist sicher: Einmal aus dem Aquarium gekletterte Krebse finden von allein nicht wieder zurück, sondern vertrocknen irgendwann irgendwo im Aquarienzimmer oder in der Wohnung!

30-l-Aquarium vier Monate nach der Einrichtung, bepflanzt mit Speerblättern und Javafarn der Sorte 'Windeløv'.

Einrichtung

Die Einrichtung des Aquariums hängt sehr von den zu pflegenden Arten ab. Generell ist zu überlegen, ob pflanzenfressende Tiere gehalten werden oder nicht. Auch muss beachtet werden, ob die Tiere stark graben. Sofern sie nicht gefressen werden, empfiehlt es sich immer, Pflanzen ins Aquarium einzubringen, da sie tagsüber Sauerstoff produzieren und für Tiere schädliche Stoffe wie Nitrate aus dem Wasser aufnehmen.

Bodengrund

Der sich im Aquarium ansammelnde oder bewusst eingebrachte **Mulm** darf nicht im Bodengrund versinken, da er eine wichtige Nahrungsgrundlage für junge Wirbellose darstellt. Außerdem sollte der Bodengrund die Färbung der Tiere unterstützen. Da einige Garnelen ihre Farbzellen steuern können, passen sie sich von der Farbintensität her häufig ihrer Umgebung an. Je heller der Untergrund, umso blasser werden ihre Farben. Ich verwende daher meist dunkelgrauen oder braunen Bodengrund aus rundem Kies mit Korngrößen von 1–2 mm.

In den Wirbellosen-Aquarien, in denen sich nur **Aufsitzerpflanzen** wie Farne und Speerblätter befinden, ist der Bodengrund bei mir nur etwa 1–2 cm hoch. Für im Boden **wurzelnde Pflanzen** muss der Bodengrund mindestens 3 cm, besser 5–7 cm stark gewählt werden. Feiner Sand ist dann zu vermeiden, weil er keinen Wasseraustausch im Boden zulässt und sich somit Fäulnisherde bilden können.

Steine

Steine sind interessante Einrichtungsgegenstände im Aquarium. Seien es helle Flusskiesel oder raues Lavagestein – es gibt für jeden Geschmack etwas. Will man selbst gesammelte Steine verwenden, muss man darauf achten, dass sie keine metallischen Einschlüsse haben oder Giftstoffe ans Wasser abgeben können. Steine, die bunt schimmern oder farbige Kristalle zeigen, nimmt man lieber nicht. Das bekannte weiße **Lochgestein** sollte nur dann verwendet werden, wenn eine Erhöhung der Härte und des pH-Werts gewünscht ist, da es Kalk abgibt. **Schiefer** wird gern und häufig im Aquarium verwendet. Da es verschiedene Schiefertypen gibt, die teilweise nicht geeignet sind, sollte man am besten auf den Schiefer aus dem Handel zurückgreifen.

Wurzeln und Laub

Zwischen Wurzeln und abgestorbenen Ästen halten sich Wirbellose in der Natur häufig auf, da sie sich dort vor Fressfeinden verstecken können und auf dem Holz Nahrung finden oder das Holz selbst die Nahrung darstellt. Nicht geeignet

Mit Buchenlaub, Höhlen, Wurzeln und Speerblättern eingerichtetes Aquarium für Pátzcuaro-Zwergkrebse, *Cambarellus patzcuarensis*.

für das Aquarium sind frische Äste oder Weichhölzer, da sie im Wasser schnell faulen. Außerdem muss das Holz schwer genug sein, um nicht an der Wasseroberfläche zu schwimmen.

Am häufigsten wird in der Aquaristik **Moorkienholz** verwendet. Moorkienwurzeln sind die Überreste toter Baumwurzeln und Äste, die viele Jahre im Wasser oder im Moor lagen. Gekauftes Holz kocht man ab, um Schimmelbildung zu verhindern, und wässert es dann noch etwa zwei bis vier Wochen lang, so dass es absinkt und das Wasser nicht zu sehr einfärbt. Durch die freigesetzten Huminstoffe wird der pH-Wert leicht gesenkt. Verschiedene Pflanzen können auf Holz wachsen und für die kletternden Tiere wird mehr Bewegungsraum geschaffen.

Frisch eingerichtetes 30-l-Aquarium mit luftbetriebenem Patronenfilter, fertig gekaufter Rückwand und Bodengrund auf Lehmbasis.

Abgestorbenes **Laub** ist in natürlichen Gewässern der häufigste Aufenthaltsort der Zwerggarnelen. Dort finden sie in der dichten Detritusschicht Schutz und Nahrung. Für Krebse stellt Laub ebenfalls eine wichtige Nahrungsgrundlage dar. Ich verwende in allen Aquarien getrocknetes Laub von Eichen und Buchen als Einrichtungselement und Futter. Man kann es in Herbst und Winter im Wald sammeln. Bäume in Städten oder an viel befahrenen Straßen sollten nicht als Blattlieferanten dienen, da ihr Laub durch den Straßenverkehr belastet ist.

Rückwand

Da Aquarien meistens nicht rundherum eingesehen werden können, muss man sich überlegen, wie man den Hintergrund gestalten will. Eine von außen aufgeklebte **Folie** verhindert den Blick durch das Aquarium, wirkt allerdings nicht gerade natürlich. Man kann den Hintergrund dicht bepflanzen, aber was macht man bei der Pflege von Pflanzenfressern?

Ich bevorzuge flache **Strukturrückwände**, die ins Aquarium geklebt oder geklemmt werden. Daran können Pflanzen wie Moose oder Speerblätter befestigt werden und die Tiere können auf ihnen herumklettern. Für Garnelen und Krebse zählt nur die „begehbare" Einrichtung und nicht das Wasservolumen. Senkrechte Klettermöglichkeiten werden dabei von Zwerggarnelen genauso genutzt wie waagerechte. Somit erweitert eine Rückwand die Lebensraumgröße der Tiere beträchtlich.

Höhlen

Krebse benötigen Höhlen, um sich verstecken zu können. Es eignen sich getöpferte Röhren, gewässerte Bambusrohre und Kokosnussschalen. Außerdem kann man Höhlen aus Steinen oder geeignetem Schiefer mit Silikonkautschuk selbst zusammenkleben.

Tonröhren mit Innendurch-messern von bis zu 15 mm eignen sich gut für kleine Purpur-Prachtkrebse.

Der Vorteil von Höhlen aus Ton oder Steinen ist, dass sie sich nicht mit der Zeit auflösen. **Tonhöhlen** kann man individuell formen und verschiedene Tonfarben verwenden, damit sie natürlich aussehen. Will man die Höhlen mit *Anubias* oder Javafarn bepflanzen, versieht man größere Höhlen mit entsprechenden Löchern. Durch diese Löcher kann man später zum Beispiel Kabelbinder ziehen, mit denen man die Pflanzen bis zum Festwachsen fixiert.

Bei **Bambus** ist darauf zu achten, dass er nicht lackiert oder anderweitig behandelt wurde. Man kann ihn recht gut mit einer Säge zuschneiden. Da Bambus nicht einfach absinkt, muss man ihn je nach Trocknungsgrad etwa zwei Wochen lang wässern. Während dieser Zeit bildet sich meist eine unangenehme Schleimschicht auf seiner Oberfläche, die man allerdings einfach abwaschen kann und die nach meiner Erfahrung für die Tiere ungefährlich ist. Will man das weitestgehend verhindern und den Wässerungsprozess beschleunigen, kann man den Bambus in Wasser auskochen.

Von **Kokosnüssen** verwendet man nur das Äußere und nichts von der inneren Frucht. Sie sind extrem hart, so dass man entsprechend scharfe und stabile Sägen benötigt. Für kleine *Cambarellus*-Arten kann man auch mit einem Bohrer Löcher in kräftige Holzwurzeln bohren, die so breit sind, dass die Krebse gerade rückwärts hineinkriechen können. Die Tiefe sollte mindestens der doppelten Körperlänge entsprechen.

Technik

Technik im Aquarium ist immer wieder ein heißes Thema. Manche Aquarianer versehen ihre Becken innen und außen mit allem technischen Schnickschnack und andere verzichten ganz darauf. Ich denke, man muss den richtigen Mittelweg finden und wissen, was man erreichen will.

Heizung

Wir sind es gewohnt, dass Aquarien zu **heizen** sind, und benutzen Aquarien-thermometer, die suggerieren, dass das Temperaturoptimum bei 25 °C liegt. Also stellen wir unseren Heizstab so ein. In diesem Buch beschreibe ich jedoch Wirbellose, die häufig aus Gewässern kommen, die jahreszeitlichen Schwankungen unterliegen. Unter ihnen gibt es Arten, deren Temperaturtoleranz zwischen 4 °C und 30 °C liegt. Wozu soll man da heizen?

Verallgemeinern darf man allerdings auch hier nicht. Generell kann jedoch gesagt werden, dass Temperaturen über 27 °C für die meisten Arten zu warm sind und dass in heißen Sommern das Aquarium **gekühlt** werden muss.

Die hier vorgestellten Garnelen-Arten vermehren sich alle zwischen 20 °C und 25 °C, also bei normaler Zimmertemperatur mit jahres- und tageszeitlichen Schwankungen, die den Tieren sehr gut bekommen. Für die beschriebenen Krebs-Arten der Gattungen *Cambarellus*, *Procambarus* und *Cherax* gilt Entsprechendes.

Filterung

Eine sehr gute **Wasserqualität** ist das entscheidende Kriterium für die erfolgreiche Pflege und Vermehrung von Krebsen und Garnelen. Durch einen Filter wird das Wasser einerseits gereinigt und es wird andererseits bewegt, so dass es Sauerstoff aufnimmt. Eine kräftige **Wasserbewegung** sorgt auch dafür, dass die Wassertemperatur im Aquarium einheitlich ist. In einem großen Aquarium mit

Wasser kühlen

Wenn im Sommer die Raumtemperatur sehr hoch ist und dem Wasser durch Motorfilter und Beleuchtung noch weitere Wärme zugeführt wird, kann es für die Aquarientiere kritisch werden. Wasser hat eine sehr hohe Wärmekapazität – es kann sehr gut Wärme speichern und man muss viel Energie aufwenden, um es zu erhitzen. Natürlich ist der Energiebedarf bei der Kühlung auch entsprechend hoch.

Gehen wir nun von einem klassischen 60-cm-Aquarium aus. Für die Erwärmung von 54 l Wasser um 2 °C wird eine Energie von etwa 458 kJ (Kilojoule) benötigt. Um 1 kg Eis von –10 °C auf 25 °C zu erwärmen, werden ebenfalls etwa 458 kJ Energie benötigt. Folglich benötige ich für die Temperaturabsenkung meines Aquariums um 2 °C einen großen Klumpen Eis von 1 kg Gewicht und –10 °C Temperatur. Wer also glaubt, mit ein paar Eiswürfeln aus dem Gefrierfach

eine merkliche Temperatursenkung bewirken zu können, der irrt sich.

Welche Alternative gibt es? Hier kommt uns zugute, dass das Verdunsten von Wasser viel Energie verbraucht. So reicht die Verdunstung von 200 ml Wasser, um unsere 54 l Wasser ebenfalls um 2 °C abzukühlen. Diese Verdunstung erfolgt über die Wasseroberfläche des Aquariums. Damit hier nicht eine dauerhaft gesättigte Luftschicht schwebt, die kein weiteres Wasser aufnimmt, lässt man einen kleinen Lüfter über die Wasseroberfläche blasen. Der zunehmenden Sättigung der Zimmerluft mit Wasser wirkt man durch ausreichendes Lüften entgegen. Das verdunstete Wasser ersetzt man möglichst durch destilliertes, da sich bekanntlich nur das reine Wasser und nicht die darin enthaltenen Salze in Luft auflösen.

einem Stabheizer können sonst Temperaturunterschiede von mehreren Grad zwischen Oberfläche und Boden auftreten.

Schweb- und Trübstoffe werden von einem Filter mechanisch entfernt. Zusätzlich übernehmen Bakterien die Reinigung des Wassers, indem sie unerwünschte chemische Verbindungen in weniger schädliche umwandeln.

Wenn man Garnelen und Krebse züchten möchte, muss man darauf achten, dass die kleinen Jungtiere nicht in einen **Motorfilter** gelangen. Die Wahrscheinlichkeit, dass die Babys durch das Pumprad erschlagen werden, ist äußerst

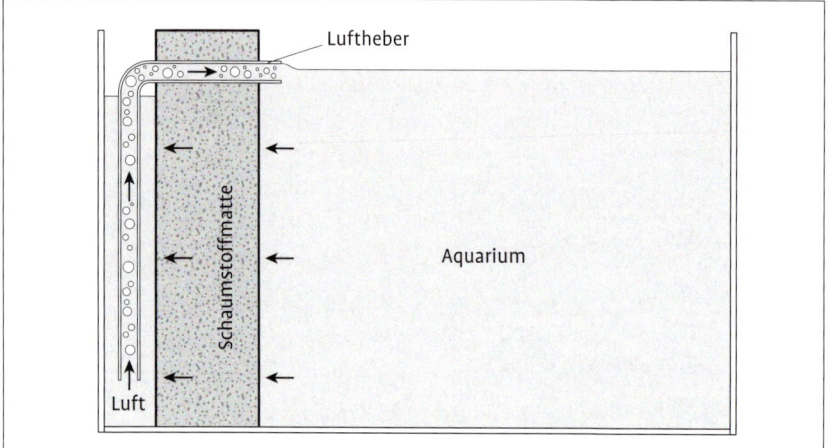

Dieser Hamburger Mattenfilter wird mit einem Luftheber betrieben. Alternativ kann auch eine Kreiselpumpe eingesetzt werden.

Hamburger Mattenfilter

Das Prinzip des Mattenfilters ist so genial wie einfach. Wie bereits erwähnt, sind Bakterien die eigentlichen Wasserreiniger im Aquarium. Da Filterbakterien an Substraten leben, benötigen sie einen festen Platz, an dem sie außerdem Kontakt zu Wasser und Sauerstoff haben. Daher benutzt man ein Filtermaterial mit einer möglichst großen Oberfläche, auf der sich die Bakterien ansiedeln können. Geeignet dafür sind Filtermatten aus dem Fachhandel.

Ein Hamburger Mattenfilter muss eigentlich nur dann in Aquarienwasser ausgespült werden, wenn der Durchfluss merklich zurückgeht. Das erkennt man daran, dass der Höhenunterschied des Wasserstands vor und hinter der Matte mehr als 3–5 cm beträgt. Diesen Status sollte das Aquarium erst nach vielen Monaten oder Jahren erreichen.

Man kann den Filter im Aquarium selbst auswaschen, wenn ein Mulmboden gewünscht ist. Ansonsten nimmt man den Schwamm heraus und wäscht ihn in einem Eimer mit Aquarienwasser aus. Man darf ihn nie mit heißem Wasser reinigen, da dadurch sämtliche nützlichen Bakterien abgetötet werden.

Die Matte wird so installiert, dass hinter ihr ein abgeschlossener Bereich ist, in den Wasser nur gelangen kann, indem es durch die Matte hindurchfließt. Um das zu erreichen, muss man folglich das Wasser hinter der Matte mit einer Filterpumpe ins Aquarium pumpen. Aufgrund des entstehenden Gefälles fließt Wasser aus dem Aquarium durch die Matte nach. Alternativ installiert man einen Luftheber, der Wasser hinter der Matte ansaugt und seinen Wasseraustritt vor der Matte hat (Bild oben).

hoch. Daher nutze und empfehle ich Filter mit **Lufthebertechnik**. Aufgrund der geringen Ansaugwirkung und der Anreicherung des Wassers mit Sauerstoff sind sie hervorragend für Aquarien mit Wirbellosen geeignet.

Bei einem regelmäßigen **Wasserwechsel** kann auf eine Filterung sogar vollständig verzichtet werden. Auch hängen die benötigte Filterung und der Wasserwechsel von der Menge der Tiere und somit der Menge an Futter ab, die ins Aquarium eingebracht wird.

Beleuchtung

Die **Beleuchtungsintensität** ist im Wirbellosen-Aquarium von geringerer Bedeutung. Meine Erfahrung hat gezeigt, dass Krebse und Garnelen häufiger und besser zu beobachten sind, wenn das Aquarium nicht zu hell beleuchtet wird. Die Farben der Tiere wirken intensiver, wenn das Licht diffuser ist.

Somit hängt die nötige Beleuchtung im Wesentlichen von der gewählten Bepflanzung ab. Sie sollten aber darauf achten, dass die natürliche **Farbe** der Tiere durch das gewählte Licht nicht zu sehr verfälscht wird. Hier bieten sich Beleuchtungen an, die alle Wellenlängen des sichtbaren Spektrums mit leichten Stärken im blauen und roten Bereich abdecken. Beleuchtungen, die nahezu ausschließlich blaues und/oder rotes Licht zeigen, sehen unnatürlich aus und fördern mehr das Algen- als das Pflanzenwachstum.

Filterprozesse
Die eigentliche Arbeit übernehmen Bakterien, die schädliche Stoffe verarbeiten, so dass als Endprodukt neben anderen Nitrat entsteht. Eine Filterung allein reicht allerdings nicht aus, denn wenn ich durch die Fütterung ständig Stoffe ins Aquarium hineingebe, muss ich entsprechend auch wieder etwas aus dem Aquarium herausnehmen. Das erfolgt durch regelmäßige Wasserwechsel.

Eine typische Aquarienbepflanzung für Aquarien mit wenig Licht: Pflanzen, die nicht eingepflanzt werden, wie Speerblätter und Javafarn.

Geeignete Pflanzen

Viele Menschen schaffen sich Garnelen, insbesondere Zwerggarnelen oder „Algengarnelen" (Gattungen *Caridina* und *Neocaridina*) an, weil sie ein **Algenproblem** haben. Der Gedanke, dass die kleinen Garnelen Algen fressen, ist vollkommen richtig. Ich füttere sie teilweise sogar gezielt mit Algen, die ich mir in der Natur suche.

Garnelen zu erwerben, nur um Algen zu bekämpfen, ist allerdings nicht der richtige Weg. Algen stellen genauso wie Pflanzen Ansprüche an Wasser und Licht. Algen wachsen besser bei einem erhöhten Sauerstoffwert, also einem „oxidierenden" Milieu. Ist Ihnen schon einmal aufgefallen, dass die so gehassten schwarzen Büschelalgen gern in bewegtem Wasser in der Strömung wachsen und in stillen Aquarienzonen weniger?

Wenn möglich, greife ich auf Pflanzen aus der **Unterwasserkultur** zurück. Pflanzen, die unter Wasser gezogen wurden, sind bereits an das entsprechende Milieu angepasst und wachsen somit besser weiter.

Ich möchte nur relativ anspruchslose Pflanzen nennen, die auch gut für kleinere Aquarien geeignet sind. Natürlich kann man mit ihnen ebenfalls größere Aquarien bepflanzen. Da allerdings in größeren Becken vornehmlich Krebse gehalten werden, die einem schönen Pflanzenbestand eher entgegenwirken, soll sich die Vorstellung der Pflanzen-Arten im Wesentlichen auf Aquarien mit Zwerggarnelen und Zwergkrebsen beziehen.

Giftpflanzen?

Gelegentlich ist ein Sterben von Wirbellosen zu beobachten, wenn frisch im Handel erworbene Pflanzen ins Aquarium gesetzt werden. Besonders auffällig ist das bei Speerblättern (*Anubias*), Schwertpflanzen (*Echinodorus*) und Farnen (*Microsorum*). Diese Pflanzen werden emers, also außerhalb des Wassers, gezogen. Da sie in der Gärtnerei von Schädlingen befallen werden können, werden sie dort teilweise mit Insektiziden behandelt. Die Gifte haften dann noch eine gewisse Zeit an den Pflanzen, wenn sie ins Aquarium gesetzt werden. Daher sollten gerade emers gezogene Pflanzen vor dem Einbringen ins Aquarium mehrere Tage lang ausreichend gewässert werden. Die lästige Glas- oder Steinwolle, in die viele Pflanzen eingepflanzt worden sind, kann man bei der Gelegenheit vollständig entfernen.

Anubias barteri var. *nana* wird emers gezogen und kann mit Insektiziden belastet sein.

Speerblatt

Speerblätter der Gattung *Anubias* gibt es in verschiedenen Größen. Alle besitzen ein kräftiges Rhizom und ledrige, feste Blättern. Es gibt *Anubias*-Arten mit sehr kleinen, nur bis zu 2,5 cm langen Blättern (*Anubias barteri* var. *nana* 'Bonsai') und Arten mit bis über 15 cm langen und 7 cm breiten Blättern, die dann jedoch nur für große Aquarien geeignet sind.

Speerblätter sind **Schattengewächse**, die sowohl in hartem, alkalischem als auch weichem, saurem Wasser gut gedeihen. Da sie kräftige Haftwurzeln entwickeln und ungern in dichtem Boden wachsen, eignen sie sich hervorragend für die Bepflanzung von Dekorationsgegenständen wie Steinen, Wurzeln und Rückwänden. Man kann die Pflanzen auf dem Substrat mit beschichtetem Pflanzendraht oder Kabelbindern befestigen, bis sie angewachsen sind. Auch zerschnittene Damenstrumpfhosen aus Nylon sind gut geeignet. Beim Festbinden sollte das Rhizom eng und fest am Substrat anliegen, damit die Wurzeln in Ruhe Halt finden können.

Vermehren kann man die Pflanzen einfach dadurch, dass man das Rhizom in Stücke schneidet. An den Blattansätzen des Rhizoms wachsen dann neue Rhizom-Enden. Als klassische Sumpfpflanzen werden *Anubias* außerhalb des Wassers kultiviert.

Die Blätter von *Anubias barteri* var. *nana* 'Bonsai' werden nur 2,5 cm lang.

Farne

Als Farn-Fan hat es mir besonders der **Kongo-Wasserfarn**, *Bolbitis heudelotii*, angetan. Mit seinen bis zu 20 cm langen Fiederblättern eignet er sich gerade noch so für kleinere Aquarien. Er bevorzugt mit Kohlendioxid gedüngtes, weiches, saures Wasser und kommt bei etwas Wasserbewegung richtig zur Geltung. Er wird auf Holz oder Steinen aufgebunden. An das Licht stellt er keine besonderen Ansprüche.

Der **Javafarn**, *Microsorum pteropus*, ist eine der besten Pflanzen für Garnelen-Aquarien. Die Pflanzen sind anspruchslos und benötigen sehr wenig Licht. Sowohl auf den kräftigen Blättern als auch auf den dichten Wurzelpolstern kann man als Garnele vorzüglich klettern und von der rauen Blattoberfläche Algen abweiden. Neben der klassischen Form mit bis zu 30 cm langen und 5 cm breiten Blättern gibt es verschiedene interessante Wuchsformen.

Die Sorte **'Windeløv'** ist davon meiner Meinung nach die schönste, da sie nicht so groß wird und die

Der Kongo-Wasserfarn, *Bolbitis heudelotii*, eignet sich bedingt für Kleinaquarien.

Blattspitzen sich wie ein Elchgeweih auffächern. Auch der Javafarn wird aufgebunden und nicht eingepflanzt.

Aquarien, die nur mit Speerblättern, Farnen und Javamoos bewachsene Wurzeln enthalten, lassen sich schnell mit wenigen Handgriffen ausräumen, um **Tiere herauszufangen**. Dabei sollte man jedoch immer beachten, dass sich Garnelen und Krebse zwischen den Wurzeln der Pflanzen und an den Einrichtungsgegenständen festhalten können und eventuell mit aus dem Wasser genommen werden. Daher stellt man die Dekomaterialien am besten in einen Eimer mit ein wenig Wasser, in das die Tierchen dann fallen oder springen können.

Moose

Insbesondere in der Garnelen-Aquaristik nimmt die Anzahl der verwendeten Moos-Arten stetig zu. Am bekanntesten ist das **Javamoos**, *Vesicularia dubyana,* das als anspruchslose Schattenpflanze mit den verschiedensten Wasserwerten und Temperaturen zurechtkommt. Die feinen Pflanzenpolster bieten ideale Bedingungen zum Klettern und Verstecken. Unter dem Namen Javamoos wird allerdings meist das **Bogormoos**, *Taxiphyllum barbieri*, gepflegt.

Zunehmend populär wird das **Lebermoos**, *Monoselenium tenerum*, das im Handel gelegentlich als „Pellia" auftaucht. Es hat flache, verzweigte Vegetationsorgane und wächst besonders gut bei hohen Nährstoffkonzentrationen und CO_2-Düngung.

Die genannten Moose kann man sehr gut auf Dekorationsgegenständen mit Nylonfäden befestigen. Bei zu starkem Wuchs stutzt man sie dann einfach mit einer kleinen Schere.

Links: Die Sorte 'Windeløv' gehört zu den schönsten Formen des Javafarns.

Rechts: Das Javamoos wächst auch bei schwacher Beleuchtung.

Das **Teichlebermoos**, *Riccia fluitans*, bildet mit seinen gabelig verzweigten Vegetationsorganen dichte Polster, die an der Wasseroberfläche treiben. Um sie unter Wasser zu halten, verwendet man Haarnetze, mit denen man sie dekorativ auf Steinen befestigen kann. Um ein kräftiges Wachstum zu erzielen, müssen sie dann allerdings stark beleuchtet und gedüngt werden.

Wasserkelche

Wasserkelche der Gattung *Cryptocoryne* sind Pflanzen, die in der Natur unter Wasser oder emers an Flussufern zu finden sind. Wechselnden Umweltbedingungen passen sie sich an, indem sie abhängig von Licht und Nährstoffen unterschiedliche Blattformen, -größen und -farben ausbilden. Auch sind die Blätter an Land und unter Wasser unterschiedlich ausgebildet.

Wasserkelche bilden durch Ableger dichte Polster. Da einige meiner Aquarien schnell ausräumbar sein sollen, setze ich dort keine Pflanzen ein und benutze nur eine sehr dünne Schicht Kies als Bodengrund. Meine *Cryptocorynen* setze ich daher in etwa 4 cm hohe durchsichtige Plastikschälchen mit passendem Bodengrund, die außerdem ihre Ausbreitung eindämmen. Die Schälchen kann man dann mit einigen Steinen oder Wurzeln verdecken.

Das Lebermoos, *Monoselenium tenerum*, eignet sich ebenfalls gut für ein Wirbellosen-Aquarium.

Cryptocoryne wendtii kann im Aquarium dichte Bestände bilden.

Cryptocorynen-Fäule

Die eigentlich positive Eigenschaft der Cryptocorynen, sich an unterschiedliche Lebensbedingungen durch unterschiedliche Blätter anzupassen, bekommt der Aquarianer dann zu spüren, wenn er die Bedingungen für seine Pflanzen drastisch ändert. Das kann sowohl durch einen nach langer Zeit erfolgten Wasserwechsel als auch durch ein Wechseln der Leuchtstoffröhren geschehen. Die Folge ist die gefürchtete Cryptocorynen-Fäule, bei der die Blätter der Pflanzen langsam zerfallen. Man darf dann nicht in Panik geraten, denn aus den kräftigen Rhizomen sprießen schon bald neue Blätter, die mit den neuen Bedingungen zurechtkommen. Da Wasserkelche in Gärtnereien emers kultiviert werden, erwischt es die Pflanzen meist schon kurz nach dem Kauf und Einsetzen ins Aquarium.

Besonders geeignet für die Aquarienhaltung ist der Wasserkelch *Cryptocoryne wendtii*, der in verschiedensten Farb- und Wuchsformen abhängig von den Umweltbedingungen gedeihen kann und dabei sowohl an Wasserwerte als auch Temperatur geringe Ansprüche stellt.

Algenball

Grünalgen sind in der Aquaristik meist nicht gern gesehen und werden mit Garnelen und Pflanzen bekämpft. In Extremfällen gehen Aquarianer mit der chemischen Keule gegen sie vor. Grünalgen sind jedoch natürliche Gewächse, die genauso wie Pflanzen ihr Recht haben zu wachsen. Außerdem enthalten die Mittel häufig das für Krebstiere giftige Kupfer.

Die Grünalge *Aegagropila linnaei* (zeitweilig als *Cladophora aegagropila* bezeichnet) dagegen holen wir uns absichtlich ins Aquarium. Ihre charakteristische Eigenschaft ist die Bildung von kompakten Bällchen, die durch die Strömung frei auf dem Boden der Gewässer umherrollen und somit ihre gleichmäßige Form erlangen. In der Natur können diese Kugeln einen Durchmesser von bis zu 20 cm erreichen, wobei sie allerdings meistens viel kleiner bleiben und mit einer Größe von 5–7 cm im Handel erhältlich sind.

Aegagropila linnaei verflacht durch die fehlende Bewegung im Aquarium oder wächst nicht regelmäßig. Aber auch solche Exemplare ergeben einen schönen dekorativen Effekt. Werden die Kugeln nicht regelmäßig bewegt und alle Seiten gelegentlich dem Licht ausgesetzt, lösen sie sich auf und zerfallen in einzelne Stücke. Aus diesen kann man unter günstigen Bedingungen neue Kugeln züchten. Dieser Prozess dauert allerdings einige Jahre, da die Alge sehr langsam wächst.

Algenbälle bevorzugen leicht alkalisches Wasser, wobei die Temperatur nicht konstant über 27 °C liegen sollte. Bezüglich des Lichts sind sie wenig anspruchsvoll und geben sich schon mit einem schattigen Plätzchen zufrieden.

Da *Aegagropila linnaei* recht empfindlich auf Verschmutzung reagiert, sollten die Kugeln, falls sie verschmutzen, regelmäßig in Aquarienwasser ausgedrückt und gespült werden. In mit Zwerggarnelen besetzten Aquarien übernehmen es die Tiere gern, die Kugel reinzuhalten und ständig auf ihr nach Futter zu suchen.

Aquarium mit Javamoos, das am Filterrohr festgebunden wurde, zwei *Cryptocoryne*-Arten und Javafarn der Sorte 'Windeløv' auf einer Wurzel.

Algenbälle, umgeben von auf Steinen aufgebundenem Teichlebermoos.

Wasser

Die Qualität des verwendeten Wassers hat für die erfolgreiche Haltung und Zucht der Wirbellosen eine wesentliche Bedeutung. Pauschal kann man nicht sagen, ob hartes oder weiches Wasser verwendet werden soll und ob saures besser ist als alkalisches. Beides hängt von den gehaltenen Arten ab.

Wasser enthält mehr oder weniger große Mengen an Kalzium- und Magnesiumsalzen. Hauptsächlich sind das Karbonate und Sulfate. Daneben kommen auch noch andere Salze vor, die allerdings bei der Wasserhärte von untergeordneter Bedeutung sind. Je höher der Gehalt eines Wassers an Magnesiumkarbonaten und -sulfaten beziehungsweise Kalziumkarbonaten- und -sulfaten ist, desto härter ist das Wasser, und je geringer die Konzentrationen sind, desto weicher ist es. Man unterscheidet **Karbonathärte** (temporäre Härte, gemessen in °KH) und **permanente Härte**, die durch Sulfate und andere Salze gebildet wird. Karbonathärte und permanente Härte bilden die **Gesamthärte** (deutsche Gesamthärte, gemessen in °dGH).

Für alle Krebstiere gilt, dass eine erhöhte Konzentration von Schwermetallen, insbesondere **Kupfer**, sehr gefährlich und vielfach der Grund dafür ist, dass Tiere sterben. Leider sind herkömmliche Kupfertests aus dem Handel nicht so empfindlich, dass mit ihnen die bereits tödlichen Kupferkonzentrationen nachgewiesen werden könnten. Prophylaktisch verwendete **Wasseraufbereitungsmittel** haben nur eine aufschiebende Wirkung, da mit dem Wasserwechsel ins Aquarium gebrachtes Kupfer zwar (kurzfristig) gebunden wird, aber sich die chemischen Verbindungen mit der Zeit wieder auflösen und sich das schädliche Metall im Aquarium anreichert. Wenn man zu hohe Kupferkonzentrationen im Wasser hat, kann man das häufig daran erkennen, dass Zwerggarnelen insbesondere bei der Häutung sterben und Jungtiere von gut züchtbaren Arten nicht aufwachsen.

Der Grund für zu viel Kupfer im Wasser liegt in der Regel in der **Hausver-rohrung**, da vom Wasserwerk normalerweise einwandfreies Wasser geliefert wird. Wer relativ neue Rohre aus Kupfer im Haus hat oder sein Heißwasser mittels Durchlauferhitzer gewinnt, wird möglicherweise Probleme mit seinen Tieren bekommen. Wenn Wasser in neueren Leitungen steht, löst sich Kupfer im Wasser in kritischen Konzentrationen. Verstärkt wird das Problem durch Erhitzen des Wassers. Umgehen kann man die Gefahr, indem man vor dem Wasserwechsel genügend Wasser anderweitig verwendet, so dass man kein Wasser erhält, das in den Leitungen gestanden hat. Außerdem erhält man auf diese Weise kaltes Wasser, was eine anregende Wirkung auf die Krebstiere hat. **Temperaturveränderungen** von etwa 5 °C nach unten werden normalerweise von allen Wirbellosen gut vertragen. Wer kein Wasser verschwenden will oder aufgrund eines automatischen Wasserwechsels auch das „Startwasser" nutzen muss, kann zwischen dem Wasseranschluss für die Aquarien und den Hauswasserleitungen einen Adsorptionsfilter setzen. Diese Filter binden Schwermetalle zu einem sehr hohen Prozentsatz.

Beim Aquarienwasser muss man sich jedoch nicht nur Gedanken über Schwermetalle machen. Es gibt noch andere Wasserfaktoren, die das Wohlbefinden unserer Wirbellosen beeinflussen. Die meisten für die Aquaristik relevanten und hier vorgestellten Garnelen kommen aus Gewässern, die **pH-Werte** von 4,5–7,5 aufweisen, wobei sie gut in weichem bis mittelhartem Wasser bei pH-Werten zwischen 6 und 7,5 zu halten sind. Bei den hier vorgestellten Krebs-Arten kommen einige aus weicherem saurem Wasser und einige aus härterem basischem Wasser. Da man somit nicht alle Arten gleich behandeln kann, gehe ich in den Artbeschreibungen näher auf ihre Bedürfnisse ein.

Checkliste

Die Checkliste soll helfen, die wesentlichen Aspekte bei der Einrichtung des Aquariums zu beachten.

- Die **Beckengröße** hängt vor allem vom vorhandenen Platz ab. Größere Aquarien verzeihen Fehler besser.
- Der **Bodengrund** sollte dunkel sein und nur so hoch, wie es die Pflanzen benötigen. Die Körnung sollte bei 1–3 mm liegen.
- Als **Einrichtungsgegenstände** können Steine ohne chemische Einschlüsse verwendet werden. Holz muss aquarientauglich sein, darf also im Wasser nicht faulen.

- Auf eine **Heizung** kann meistens verzichtet werden. 20–25 °C sind meist gut geeignet.
- Ein **Filter** darf keine Ansaugöffnung haben, in die Tiere eingesogen werden können. Matten- oder Luftheberfilter haben sich bewährt.
- Die **Beleuchtung** darf nicht zu stark sein, will man die Farben der Tiere hervorheben.
- Abhängig von Licht und Bodengrund werden die **Pflanzen** gewählt.
- Das Wasser darf keine **Schwermetalle** wie Kupfer enthalten.
  Wasserwerte, wie Temperatur, Härte und pH-Wert, sind abhängig von den gepflegten Arten.

KREBSE UND GARNELEN PFLEGEN

Auf das Aquarium und die Rahmenbedingungen für die erfolgreiche Unterbringung der Krebse und Garnelen bin ich im letzten Kapitel bereits eingegangen. Hier soll es um die richtige Fütterung und um Krankheiten gehen. Da häufig zusätzliche Aquarienbewohner mit ins Becken einziehen sollen, wird die Vergesellschaftung ebenfalls behandelt.

Ernährung

Um zu klären, wie wir Krebse und Garnelen am sinnvollsten füttern, müssen wir schauen, wo die Tiere in der Natur vorkommen und welches Futter ihnen dort zur Verfügung steht. Prinzipiell unterscheidet man drei Ernährungstypen: **pflanzliche** (herbivore), **tierische** (carnivore) und **gemischte** (omnivore) Ernährung. Pauschal kann man nicht sagen, dass alle hier vorgestellten Arten einem gemeinsamen Typ entsprechen. Die meisten Tiere ernähren sich omnivor, wobei in der Regel pflanzliche Kost bevorzugt wird, was aber im Wesentlichen an der entsprechenden Verfügbarkeit liegt.

Eine Gruppe von Crystal-Red- und Sri-Lanka-Zwerggarnelen beim Fressen von gefrorenem Blattspinat.

Generell kann gesagt werden, dass alle genannten Krebse und Garnelen mit Ausnahme der Fächerhandgarnelen auch tote Tiere fressen. **Lebende Fische** oder **Wirbellose** werden von vielen Großarmgarnelen und einigen Krebsen aktiv gejagt. Da viele Krebse und Garnelen nachts aktiv sind, kann es geschehen, dass am Boden ruhende Fische nachts erbeutet werden, während sie tagsüber nicht belästigt werden.

Als tierisches Futter können gefrorene **rote Mückenlarven** oder *Cyclops* angeboten werden. Wichtig bei der Fütterung ist, dass die Tiere nicht zu eiweißreich ernährt werden. Das führt nämlich häufig zu einem schnelleren Wachstum, als es Krebse und Garnelen in ihrem Panzer ertragen können. Die Folge sind **Nothäutungen** der unter der alten Hülle noch nicht fertig entwickelten Tiere, die deshalb während oder kurz nach der Häutung sterben. Jungtiere, die noch relativ schnell wachsen und sich häufiger häuten, sind weniger gefährdet als Alttiere, deren Häutungsabstände bis zu ein Jahr betragen können.

Die meisten Krebse und Garnelen ernähren sich von lebenden oder toten Pflanzen. Bei den Garnelen der Gattungen *Caridina* und *Neocaridina* spielen dabei **Algen** eine wesentliche Rolle. Höhere **Pflanzen** werden von ihnen nicht gefressen. Das tun allerdings alle Krebse der Gattung *Procambarus*, und auch *Cherax*-Arten verschmähen die wenigsten Pflanzen. Krebse der Gattungen *Cambarellus* und *Cambarus* sowie Großarm- und Fächergarnelen lassen Pflanzen dagegen normalerweise in Ruhe.

Purpur-Prachtkrebse, *Cherax* sp. „Hoa Creek", haben Eichenblätter zum Fressen gern.

Auch Schwarze Tiger-Zwerg-garnelen mögen Blattspinat.

In der Natur leben Krebse und Garnelen häufig in Ansammlungen von **Laub**, das sich vollgesogen in ruhigen Gewässerzonen ansammelt und dort verrottet. Diese zerfallenden Pflanzen und die beteiligten Kleinstlebewesen werden gefressen und scheinen einen positiven Einfluss auf die Entwicklung und Häutung zu haben. Für das Aquarium eignen sich besonders Buchen- sowie Eichenlaub, das man im Herbst oder Winter im Wald sammeln kann. Ich verwende häufig Laub vom Waldboden, dessen Zersetzungsprozess schon begonnen hat. Negative Auswirkungen durch darauf wachsende Pilzgeflechte konnte ich bisher nicht feststellen. Damit das Laub absinkt, kann man es entweder längere Zeit in einem Eimer wässern oder abkochen.

Es können herkömmliche Flocken-, Tabletten- und Granulatfutter verfüttert werden. Tabletten und Granulate werden von **Krebsen** bevorzugt, da sie diese aufnehmen und in Ruhe in ihrer Höhle verspeisen können. **Fächerhandgarnelen** benötigen feines Flocken- oder Staubfutter oder gefrorene *Cyclops*. Verstärkt wird inzwischen im Handel spezielles Futter für Garnelen und Krebse angeboten. Ein höherer Zelluloseanteil und *Spirulina*-Algen sind dabei häu-

Futtertipp
Alternativen zur Fütterung mit Laub sind Kaninchen- oder Chinchilla-Pellets, die aus Getreide, pflanzlichen Nebenerzeugnissen und Mineralstoffen bestehen. Zucker, Milch- und Molkereierzeugnisse, die teils den höherwertigen Produkten zugesetzt sind, sollten nicht enthalten sein, um Wasserbelastungen zu vermeiden. Da Chinchilla-Pellets, wenn überhaupt, nur geringste Spuren an Kupfer enthalten, sind sie zu bevorzugen. Am besten kauft man im Handel das billigste lose Futter, das für unsere Wirbellosen sehr gut geeignet ist.

fige Kriterien, um seitens der Hersteller die Eignung „für Krebse und Garnelen" zu nennen. Gefrorene oder überbrühte Karotten, Erbsen, Spinat und Mangold sind weitere Möglichkeiten.

Ich selbst benutze für meine Tiere kein spezielles Futter, sondern greife auf verschiedene der genannten Futtermittel zurück, um meinen Tieren die bestmögliche Abwechslung zu bieten.

Krankheiten

Die Krankheiten von Krebsen und Garnelen sind ein in der Aquaristik noch wenig behandeltes Thema. Medikamente für die Behandlung von Krebstieren gibt es noch nicht. Die Hauptauslöser für Krankheiten sind hier unpassende Lebensbedingungen. Insbesondere auf geeignete **Wasserwerte** muss geachtet werden. Dabei sind **Giftstoffe** insbesondere durch unzureichende Wasserwechsel und Filterung bei zu reichlicher Fütterung das Hauptproblem. Ein zu geringer **Sauerstoffgehalt** im Wasser sowie starke **pH-Wert-Schwankungen** oder **extreme Temperaturen** führen zur Schwächung der Tiere, und damit werden sie empfänglich für Erkrankungen. Auch ein **Überbesatz** kann zu Stress und einer schnellen Ausbreitung von Krankheiten führen.

Wenn man seinen Tieren dagegen gute Haltungsbedingungen schafft, wird man nur sehr selten Probleme mit Krankheiten haben. Merklich erkrankte oder verendete Tiere sind umgehend aus dem Aquarium zu entfernen, um eine Verbreitung von Krankheiten zu vermeiden.

Krebse

Bei Krebsen gibt es Krankheiten, insbesondere die Krebspest, die bei den Arten verschiedener Kontinente unterschiedlich wirken. Daher sollte man unbedingt darauf achten, die Arten nicht zu vergesellschaften und Pflegeutensilien, etwa Kescher, nur für jeweils ein Becken zu verwenden.

Krebspest

Die wohl berühmteste und leider auch tückischste Krebskrankheit ist die Krebspest. Sie wird vom Schlauchpilz *Aphanomyces astaci* ausgelöst. Dieser aus Nordamerika stammende Pilz hat sich zusammen mit seinen Wirten entwickelt. Nur geschwächten nordamerikanischen Krebsen kann die Krankheit etwas anhaben. Ansonsten gesunde Tiere tragen den Pilz in sich und verbreiten ihn mit jeder Häutung neu. Für Krebse anderer Kontinente ist die Krebspest dagegen eine tödliche Gefahr. Sie haben der Pilzkrankheit nichts entgegenzusetzen und ster-

Krebse im Gartenteich?
Da es noch einige Gewässer gibt, in denen unser ehemals weit verbreiteter Edelkrebs, *Astacus astacus*, vorkommt, ist es wichtig, dass wir Aquarianer entsprechende Rücksicht auf die heimische Fauna nehmen. Dazu gehört es, niemals Krebse in der Natur auszusetzen. Das gilt auch für Gartenteiche, aus denen Krebse problemlos herausklettern und in andere Gewässer wandern können. Wenn überhaupt, kann man Edelkrebse aus der Zucht in den Teich setzen. Allerdings wird man seine Tiere normalerweise nicht sehen. Dafür werden die Krebse Pflanzen ausbuddeln und Höhlen in die Teichwand graben.

ben nach wenigen Tagen, ohne dass es eine Chance gibt, sie zu retten. Die Verbreitung der Pilze erfolgt über bewegliche Zoosporen, die ohne Wirt nur wenige Tage überleben können. Sie werden freigesetzt, wenn sich ein Krebs häutet oder wenn er stirbt. Aufgrund der sehr großen Sporenzahl kann ein einziger Krebs andere Krebse in einem großen Teich oder Flussabschnitt anstecken.

Nach Europa kam die Krebspest ungefähr ab 1860, als sich aus Amerika eingeführte Krebse im Freiland ausbreiteten. Als besonders resistent erwies sich der amerikanische **Kamberkrebs**, *Orconectes limosus*, der inzwischen in ganz Europa verbreitet ist. Er ist sehr gut an seinen roten Scherenspitzen und den roten Querstreifen auf dem Hinterleib erkennbar. Weitere Krebs-Arten aus Amerika leben inzwischen ebenfalls in Europa. Dazu gehören der **Signalkrebs**, *Pacifastacus leniusculus*, und der **Sumpfkrebs**, *Procambarus clarkii*, der in großen Mengen für den Verzehr gezüchtet wird.

Fleckenkrankheiten

Gut erkennbar sind die Brandflecken- und Rostfleckenkrankheit. Beide Krankheiten zeichnen sich durch fleckige, löchrige Veränderungen des Panzers aus. Sie treten bei für die Krebse schlechten Bedingungen verstärkt auf. Mit abwechslungsreicher Fütterung, insbesondere mit Eichen- und Erlenlaub, das auch Humin- sowie Gerbstoffe an das Wasser abgibt, kann den Krankheiten vorgebeugt werden.

Natürlich gibt es weitere Krankheiten. Sie werden durch Pilze, Bakterien und Viren verursacht, sind allerdings bei Aquariennachzuchten relativ selten. Fast ausschließlich bei Wildfängen treten Parasiten auf.

Die Bestände der ursprünglich in Europa heimischen Edelkrebse, *Astacus astacus*, sind durch die Krebspest nahezu ausgelöscht worden.

Garnelen

Wie bei Krebsen gibt es auch bei Garnelen verschiedenste Arten von Erkrankungen. Den meisten kann durch gute Haltungsbedingungen entgegengewirkt werden.

Brandfleckenkrankheit

Bei Garnelen ist die Brandfleckenkrankheit ebenfalls bekannt. Die dafür verantwortlichen Erreger können nicht eindeutig bestimmt werden, denn die Symptome sind bei vielen Erregern identisch. Auch hier gilt: Vorbeugen ist besser als Heilen. Denn nur durch schlechte Haltungsbedingungen geschwächte Tiere können mit äußeren Infektionen nicht fertig werden.

Porzellankrankheit

Die auch bei Krebsen auftretende Porzellankrankheit wird durch den einzelligen Parasiten *Thelohania contejani* hervorgerufen. Er lebt im Muskelgewebe infizierter Tiere und färbt das sonst eher farblose Gewebe des Hinterleibs weißlich. Durch Kannibalismus oder das Auffressen verendeter Tiere werden Artgenossen angesteckt. Daher müssen infizierte und gestorbene Tiere umgehend aus dem Aquarium entfernt werden. Kranke Tiere sind leider nicht mehr zu retten.

Gute Gesellschaft

Die Vergesellschaftung von Krebsen und Garnelen mit anderen Tieren ist vielfach möglich. Dabei muss immer beachtet werden, welche Anforderungen alle Lebewesen sowohl an die Wasserwerte als auch an ihren Lebensraum stellen. Die Größe und Einrichtung des Aquariums spielen eine wichtige Rolle und natürlich die Besatzdichte.

Obwohl Krebse und Garnelen zu den primitiveren Wasserbewohnern gezählt werden, hat jedes Tier seinen eigenen Charakter. So gibt es einzelne Marmorkrebse, die keine Pflanzen anrühren, während die meisten wahre Rasenmäher sind. Es gibt Ringelhandgarnelen, die keinem Fisch etwas zuleide tun, wobei andere kleine Fische wie reifes Obst aus dem Wasser pflücken.

Wirbellose

Vielfach wird die Frage gestellt, ob man Garnelen mit anderen Garnelen oder Krebse mit anderen Krebsen vergesellschaften kann. Bezüglich der **Krebse** kann ich ein klares „Nein" aussprechen. Sie sind meist unter-

Hybriden

Unter einem Hybriden (auch Bastard oder Mischling genannt) versteht man im naturwissenschaftlichen Sprachgebrauch ein Lebewesen, das durch Kreuzung von Eltern unterschiedlicher Arten hervorgegangen ist. In diversen Veröffentlichungen und Foren findet man Kreuzungstabellen, in denen beschrieben ist, welche Arten sich mit welchen anderen Arten (wahrscheinlich) kreuzen lassen. Anhand des Aussehens ist es unmöglich zu bestimmen, ob eine Kreuzung erfolgen kann. Um Mischlinge zu vermeiden, empfehle ich daher, niemals verschiedene Arten einer Gattung mit dem gleichen Fortpflanzungstyp zu vergesellschaften.

Der Weißpunkt-*Ancistrus* L 71 ist eine gute Gesellschaft für Zwerggarnelen, da die Garnelen gern im Kot der Welse nach Fressbarem suchen und die Welse ihnen nichts tun. Bei der Vergesellschaftung mit Krebsen sollten genügend Versteckplätze für Welse und Krebse in unterschiedlichen Größen angeboten werden.

einander schon recht unverträglich. Außerdem sind Krebsaquarien fast immer überbesetzt. Die Tiere vermehren sich so lang, bis eine Obergrenze erreicht ist. Die Regulation erfolgt dann über Kannibalismus. Bei der Kombination zweier Arten wird zwangsläufig eine die Oberhand behalten und die andere mit der Zeit auffressen.

Bei Garnelen sieht das etwas anders aus. **Fächerhandgarnelen** können gut mit anderen Arten gemeinsam gepflegt werden, da sie äußerst friedlich sind und eine andere Nische besetzen. Die Vergesellschaftung verschiedener **Großarmgarnelen-Arten** sollte aus den gleichen Gründen wie bei den Krebsen vermieden werden.

Bei **Zwerggarnelen** rate ich persönlich von der Artenvermischung ab. In der Regel wird sich eine Art durchsetzen und der Bestand der anderen zurückgehen. Die Tiere werden nicht unbedingt gefressen, doch wird vermutet, dass die überlegene Art Duftstoffe ins Wasser abgibt, die die Vermehrung der anderen hemmt. Möchte man dennoch eine Vergesellschaftung wagen, sollte das Aquarium entsprechend groß sein, damit alle Tiere ausreichend Platz haben. Man sollte darauf achten, dass sich die verschiedenen Arten nicht miteinander kreuzen können, um Mischlinge zu vermeiden.

Zwerggarnelen können gut mit größeren Krebs-Arten vergesellschaftet werden, wenn die Garnelenpopulation nicht zu groß ist und die Krebse ausreichend Versteckplätze haben. Frisch gehäutete Krebse, auf denen eine ganze Horde Zwerggarnelen mit den Scheren zupfend herumklettert, werden vor lauter Stress in den Krebshimmel abtreten. Kleinere Krebs-Arten entpuppen sich dagegen häufig als Garnelenjäger und sollten im Artbecken gehalten werden.

Zu Großarmgarnelen passen weder Zwerggarnelen noch Krebse. Posthornschnecken und Apfelschnecken können mit Zwerggarnelen zusammengesetzt werden. Von vielen Großarmgarnelen und Krebsen werden sie jedoch gefressen. Turmdeckelschnecken entgehen aufgrund des verschließbaren Gehäuses in der Regel den Angriffen der Scherenträger.

Fische

In der Natur stellen Krebse und Garnelen häufig eine wesentliche Nahrungsgrundlage für Fische dar. Fische wie die Buntbarsche legen diesen Jagdinstinkt auch dann nicht ab, wenn sie anderweitig gut ernährt werden.

Bezüglich der Vergesellschaftungsmöglichkeiten muss immer beachtet werden, wie viele Tiere von welcher Art auf welchem Raum bei wie vielen Versteckplätzen und welchem Futter gehalten werden. Ist man sich unsicher, hilft leider nur, es auszuprobieren. Nachfolgend nenne ich einige Arten und Gruppen von Fischen, mit denen ich bereits Erfahrungen gemacht habe.

Harnischwelse

Harnischwelse der Gattung *Ancistrus* sind primär Aufwuchsfresser und weiden in der Natur Algen von Steinen ab. Im Aquarium lassen sich die bis zu 15 cm groß werdenden Arten sehr gut mit Futtertabletten ernähren. Die Vergesellschaftung mit Zwerggarnelen hat sich bei mir als sehr positiv dargestellt, da die kleinen Garnelen offensichtlich im Welskot noch verwertbare Nahrung finden. Auch größere Krebse und Großarmgarnelen lassen sich mit den Welsen zusammen halten, wobei für die Krebse genügend Versteckplätze in Form von Höhlen zur Verfügung stehen müssen. Kleine Welse werden jedoch insbesondere von Großarmgarnelen, etwa den Ringelhandgarnelen, erbeutet. *Hypancistrus*-Arten, die vornehmlich auf tierische Nahrung angewiesen sind und höhere Wassertemperaturen benötigen, habe ich aufgrund der Temperaturbedürfnisse nicht mit Zwerggarnelen vergesellschaftet.

Der Panzerwels *Corydoras hastatus* wird nur knapp 25 mm lang und schwimmt gern in der Gruppe im freien Wasser.

Panzerwelse

Panzerwelse, insbesondere die kleinen Arten wie *Corydoras habrosus*, *C. pygmaeus* oder *C. hastatus*, sind bei mir eine gute Gesellschaft für Zwerggarnelen des spezialisierten Fortpflanzungstyps, da sie es kaum schaffen, die bereits recht agilen Babygarnelen zu erbeuten. Auf die Vergesellschaftung mit Krebsen und Großarmgarnelen sollte man verzichten, wenn nicht ausreichend Platz für alle da ist.

Barben und Salmler

Als Fan kleiner Fische habe ich einige Erfahrungen gesammelt, kleine Salmler- und Barben-Arten mit Garnelen und Krebsen zu vergesellschaften. Fast pau-

Glasgarnele, *Macrobrachium lanchesteri*, und ein Flunder-harnischwels, *Pseudohemiodon lamina*. Die Welse können gut gemeinsam mit friedlichen Garnelen gehalten werden. Die Anzahl an Zwerggarnelen sollte jedoch nicht zu groß sein, da die Garnelen die Rücken der Welse durch die ständige Pickerei mit den feinen Scheren verletzen. Die Vergesellschaftung mit Krebsen bietet sich nicht an. Auch Zwergkrebse sind nicht geeignet, da sie gern am Schwanzfilament der Welse knabbern.

Zwergziersalmler, *Nannostomus* sp. „Purple", der mit seiner Größe von 4 cm und dem kleinen Maul höchstens Babygarnelen gefährlich werden kann.

schal kann gesagt werden, dass die gemeinsame Pflege von kleinen Fischen mit Großarmgarnelen ein Risiko für die Fische darstellt. Manch eine *Macrobrachium*-Garnele entpuppt sich als hervorragende Fischfängerin und pflückt sich die Fischchen geradezu aus dem Wasser. Auch wenn die agilen Schwimmer tagsüber nicht gefangen werden, so schlafen einige nachts so fest auf dem Boden oder auf Pflanzen, dass sie dann bei lebendigem Leibe angefressen werden können.

Die besten Erfahrungen in kleinen Aquarien bei der Kombination mit Zwerggarnelen habe ich mit Arten der Gattung *Boraras* gemacht. Die bis zu 2 cm groß werdenden Bärblinge lassen sich recht gut mit Zwerggarnelen vergesellschaften, auch wenn sie gelegentlich ein Garnelen-Baby fressen. Dabei ist die Idee gar nicht so abwegig, kleine Fische bewusst mit *Caridina multidentata* zu vergesellschaften, da die Garnelen regelmäßig größere Mengen freischwimmender Larven absetzen, die für die Fische ein hervorragendes Futter darstellen.

Lebendgebärende

Guppys, Mollys und Co. fressen von Natur aus nicht nur pflanzliche Kost. Abhängig von der Größe der Fische passen Zwerggarnelen vom Jungtier bis zur ausgewachsenen Garnele bestens ins Beutespektrum. Auch hier gilt: Je größer das Aquarium und das Pflanzendickicht und je geringer der Besatz an Fischen ist, umso wahrscheinlicher ist es, dass die Garnelen zumindest einen gewissen Bestand aufrechterhalten, wenn sie sich im Aquarium vermehren.

Buntbarsche

Buntbarsche mit Garnelen zu vergesellschaften macht meiner Meinung nach im Hinblick auf Zwerg- und Großarmgarnelen kaum Sinn. Zwerggarnelen und deren Jungtiere stellen ein ideales Futter für die Fische dar. Andersherum werden sich Großarmgarnelen, sofern sie größer als die Cichliden werden, früher oder später zumindest über deren Jungfische hermachen.

Die Vergesellschaftung von größeren Krebsen, etwa *Cherax*-Arten, mit Malawisee-Cichliden ist meist unproblematisch, allerdings nur, bis sich die Krebse häuten. Dann werden sie, wenn sie kein sicheres Versteck aufsuchen können, leicht ein Opfer der hungrigen Buntbarsche.

Checkliste

Diese Liste soll helfen, die wesentlichen Aspekte der Haltung von Krebsen und Garnelen zu beachten.

- Das **Futter** sollte abwechslungsreich und vornehmlich pflanzlicher Natur sein. Zu proteinhaltige Kost ist zu vermeiden, da die Tiere dann möglicherweise zu schnell wachsen und Häutungsprobleme auftreten können.
  Krankheiten sind bei optimaler Pflege nur selten zu beobachten. Wenn es doch dazu kommt, sind die betroffenen Tiere zu entfernen. Medikamente gibt es für Krebse und Garnelen (noch) nicht.
- Die **Vergesellschaftung** mit Fischen und anderen Wirbellosen hängt stark von der Aquariengröße und den infrage kommenden Arten ab. Meist empfehlen sich Artbecken.

Drohendes Männchen des Orangefarbenen Zwergkrebses, einer Farbform des Pátzcuaro-Zwergkrebses.

VERMEHREN UND ZÜCHTEN

Dieses Kapitel soll die Vermehrung, aber auch die gezielte Zucht unserer Aqua-rienbewohner vorstellen. Zuerst möchte ich die beiden grundlegenden Vermeh-rungstypen vorstellen.

Fortpflanzungstypen

Man unterscheidet im Wesentlichen zwei verschiedene Fortpflanzungstypen, den primitiven und den spezialisierten. Beide Typen finden sich bei den in diesem Buch vorgestellten Garnelen. Alle genannten Krebse gehören dagegen zum spezialisierten Typ.

Primitiver Fortpflanzungstyp bei Garnelen

Beim primitiven Fortpflanzungstyp schlüpfen aus den vom Garnelen-Weibchen unter dem Hinterleib getragenen Eiern sehr kleine **Zoea-Larven**, die meistens frei im Wasser schweben, was als **pelagische Lebensweise** bezeichnet wird.

Weibchen von *Palaemon con-cinnus* mit Eiern. Das Tier wurde wenige hundert Meter vor der Mündung des Kalu-Ganga-Flusses gegenüber der Dagoba von Kalutara im Wes-ten von Sri Lanka gefangen.

Die Larven werden normalerweise von Flüssen in Seen oder meistens ins Meer transportiert. Dort entwickeln sie sich zu erwachsenen Garnelen und steigen als Halbwüchsige wieder den Fluss hinauf.

Im Bereich der Flussmündungen ins Meer entsteht durch die Durchmischung des „süßen" Flusswassers mit dem salzigen Meerwasser die sogenannte **Brackwasserzone**. Sie zeichnet sich durch einen permanent wechselnden Salzgehalt aus und stellt somit besondere Anforderungen an die Regulation des Wasser- und Salzhaushalts ihrer Bewohner. Bei starkem Regen im Einzugsbereich der Flüsse wird Süßwasser weit ins Meer getragen und der Salzgehalt im Mündungsbereich nimmt ab. Bei Flut und geringen Niederschlägen drückt das Meer das Salzwasser teils weit ins Inland, so dass dort einige hundert Meter oder sogar mehrere Kilometer weit der Salzgehalt ansteigt. Hier treffen sich – je nach Salzgehalt – süßwassertolerante Arten aus dem Meer und salzwassertolerante Arten aus dem Süßwasser. Solche Arten können auch spontane Wechsel der Salzkonzentration unbeschadet überstehen, weshalb man beim Umsetzen von Junglarven aus dem Süß- ins Brackwasser keine langwierige Umgewöhnung vornehmen muss.

Die pelagischen Larven machen im Mündungsgebiet der Flüsse mehrere Larven- und damit **Häutungsstadien** durch, ehe sie sich nach einigen Wochen zu fertigen Junggarnelen entwickeln, zum Bodenleben übergehen und die Flüsse wieder hinaufwandern. Die Gefahren für die kleinen Larven, selbst gefressen zu werden, nicht den Mündungsbereich zu erreichen oder es nicht den Fluss hinauf zu schaffen, sind sehr groß. Deshalb produzieren die Weibchen bis zu 100mal mehr Eier als ihre gleich großen Verwandten mit spezialisiertem Fortpflanzungstyp.

Die größte Herausforderung für die erfolgreiche Zucht von Arten des primitiven Typs stellt die richtige **Fütterung** der kleinen Larven dar. Aufgrund ihrer geringen Größe muss man im Aufzuchtbecken auf eine Filterung verzichten und kann nur mit einem Luftschlauch für eine leichte Wasserbewegung sorgen. **Wasserwechsel** sind auch nicht leicht durchzuführen, will man keine Jungtiere absaugen. Veränderungen der Salzkonzentration beim Wasserwechsel sind dagegen kein Problem, sofern das Frischwasser keine Giftstoffe enthält und abgestanden ist.

Fütterungsversuche mit Hefeaufschwemmungen oder Filtermulm sind nur beschränkt erfolgreich gewesen. Während Hefe dem Wasser schnell Sauerstoff entzieht, sind im Filtermulm vielfach nicht ausreichend verwertbare Futterbestandteile enthalten. **Liquizell**, ein seit Langem in der Süßwasser-Aquaristik verwendetes Flüssigfutter für Kleinstfische, ist dagegen bereits erfolgreich eingesetzt worden. Ich habe mich bisher nicht mit der Aufzucht von Garnelen beschäftigt, die sich im Brackwasser vermehren, denke jedoch, dass Versuche mit Plankton, wie es in der Meerwasser-Aquaristik verwendet wird, mit Sicherheit zu besseren Erfolgen führen werden. Auch hier wird gelten: Probieren

Brackwasser
Das Wort Brackwasser leitet sich vom plattdeutschen Wort Brack ab, das einen durch Deichbruch entstandenen und mit Meerwasser gefüllten See bezeichnet, dessen Salzgehalt dann durch Regenwasser verringert wird. Brackwasser hat in der Regel eine Kochsalzkonzentration von 1–2 %, was 10–20 g Salz pro Liter Wasser entspricht.

geht über Studieren. Denn die Herausforderung ist, so viel zu füttern, dass die kleinen Larven ausreichend satt werden, aber das Wasser durch das Futter nicht belastet wird.

Spezialisierter Fortpflanzungstyp bei Garnelen

Beim spezialisierten Typ entwickeln sich die Jungtiere bereits in den vom Weibchen unter dem Hinterleib getragenen etwa 1,5 mm großen Eiern. Aus ihnen schlüpfen nach einer Tragzeit von drei bis vier Wochen 20–50 bereits selbstständige Jungtiere. Die **Entwicklungsdauer** der Garnelen in den Eiern hängt stark von der Wassertemperatur ab, wobei die Weibchen bei mir unter 20 °C und über 26 °C normalerweise keine Eier tragen.

Weißperlen-Zwerggarnele mit weit entwickelten Eiern, die man an den als schwarze Punkte durchscheinenden Augen der Larven sehen kann. Im „Nacken" der Garnele sind bereits die neuen Eier zu erkennen.

Die **Größe** der Junggarnelen ist unterschiedlich. Kleine Bienengarnelen sind anfangs nur 1,5 mm groß, während Ringelhandgarnelen fast 5 mm messen. Die Jungtiere müssen nicht in Brackwasser oder besonders aufbereitetem Wasser aufgezogen werden. Da sie bereits Nahrung vom Substrat aufnehmen können, ist eine Fütterung mit schwebendem Futter nicht notwendig. In alt eingerichteten Aquarien finden die kleinen Garnelen meist so viel Futter, dass nicht gezielt zugefüttert werden muss.

Die **Junggarnelen** können in Gesellschaft ihrer Eltern aufgezogen werden. Bei Temperaturen um 25 °C sind sie nach etwa drei bis vier Monaten 2 cm groß und geschlechtsreif. Wenn alles optimal läuft, tragen die Weibchen alle vier bis sechs Wochen Eier. Je älter das Weibchen ist, umso seltener geschieht das, da die Paarung nach der Häutung erfolgt und ältere Tiere sich seltener häuten. Dafür tragen große Weibchen mehr Eier als kleinere.

Einige Züchter berichten, dass bei ihnen die Garnelen nach einer gewissen Zeit trotz konstant guter Bedingungen die Vermehrung einstellen. Dazu kann man nur sagen: Sie stellen die Vermehrung genau wegen der konstanten

Futtertipp

Sehr gut bewährt hat es sich, den Filter in einem Eimer mit Aquarienwasser auszuwaschen und Teile des sich absetzenden Schlamms wieder ins Aquarium zu geben. Bei dem Schlamm handelt es sich nicht um reinen Fisch- oder Garnelenkot, sondern um sich zersetzendes organisches Material, Kleintiere und Mikroorganismen, Detritus genannt. Beim Verfüttern wird man bemerken, dass sich die kleinen Garnelen wie eine wilde Meute auf diesen „Dreck" stürzen. Um beim Reinigen der Filtermatten keine Junggarnelen zu verlieren, kann man den Schwamm auch direkt im Aquarium ausspülen.

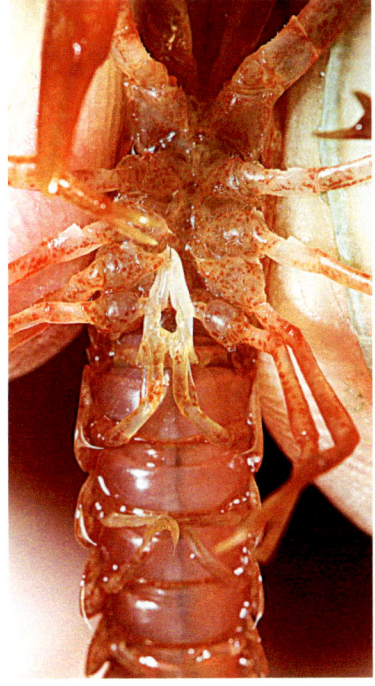  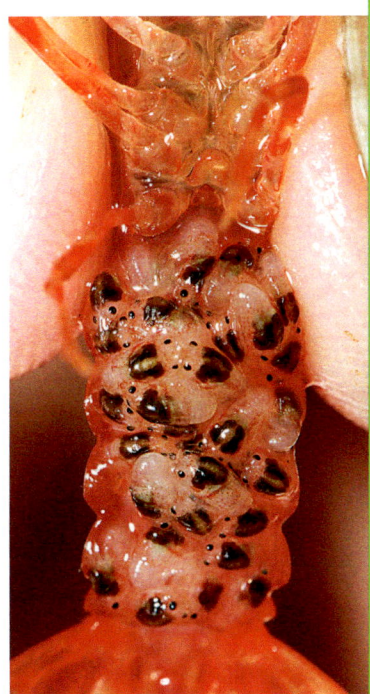

Bedingungen ein. Viele Arten unterliegen in der Natur jahreszeitlich bedingten Schwankungen der Wassertemperatur. Imitiert man sie im Aquarium, indem man auf die Aquarienheizung verzichtet, stellen sich bald wieder Erfolge ein.

Offensichtlich benötigen die Garnelen eine gewisse **Ruhezeit**, in der die Temperaturen unter 20 °C liegen. Häufig stellen sie dann die Vermehrung ein. Steigen die Temperaturen nach einigen Wochen wieder auf über 20 °C, tragen fast alle Weibchen umgehend Eier und eine neue Zuchtsaison beginnt.

Krebse und weitere Garnelen

Die Zucht von **Krebsen** erfolgt relativ einheitlich nach dem **spezialisierten Fortpflanzungstyp**. Als Beispiele können als Vertreter der amerikanischen Krebse der Pátzcuaro-Zwergkrebs, *Cambarellus patzcuarensis* (siehe S. 45), und als Repräsentant der Krebse Neuguineas und Australiens der Purpur-Prachtkrebs, *Cherax* sp. „Hoa Creek" (siehe S. 70), dienen. Der Marmorkrebs, *Procambarus* sp. (siehe S. 76) fällt insofern aus dem Rahmen, als dass es sich um eine sich parthenogenetisch fortpflanzende Art handelt.

Bei den **Garnelen** treten beide Vermehrungsstrategien auf. Die Ringelhandgarnele, *Macrobrachium assamense* (siehe S. 80), ist ein Beispiel des spezialisierten Typs. Die Amano-Garnele, *Caridina multidentata* (siehe S. 56), repräsentiert den primitiven Fortpflanzungstyp. Ihre Larven müssen in Brackwasser aufgezogen werden. Die Glasgarnele, *Macrobrachium lanchesteri* (siehe S. 84), vermehrt sich ebenfalls nach dem primitiven Typ, doch ihre Larven benötigen kein Brackwasser.

Links: Sehr gut sind die bis unter den Cephalothorax reichenden paarigen Gonopoden des Zwergkrebs-Männchens zu erkennen.

Mitte: Zwischen dem vierten und fünften Schreitbeinpaar befindet sich der Annulus ventralis des Weibchens.

Rechts: Noch nicht selbstständige junge *Cambarellus patzcuarensis* unter dem Hinterleib ihrer Mutter.

Diese Crystal-Red-Zwerggar-nele zeigt fast keinen Weiß-anteil.

Mutationen und Vererbung

Schon als Jugendlicher habe ich mich mit der Zucht von Farbformen beschäftigt, damals allerdings bei Kanarienvögeln und Zebrafinken. Das Wissen über die Vererbungslehre, das ich mir damals erworben habe, kann ich heute auch auf unsere Garnelen und Krebse anwenden. Bei einer Mutation wird der Genotyp, das Erbgut einer Art, geändert und auch an die Nachfahren vererbt. Wird dabei ebenfalls der Phänotyp, das Erscheinungsbild, verändert, wird es für uns Züchter interessant. Die wohl bekanntesten Farbmutationen sind die folgenden.

Crystal-Red-Zwerggarnele, *Caridina* cf. *cantonensis*. Diese Zwerggarnelen gehen auf eine rote Mutation der Bienengarnele zurück. Für die erfolgreiche Zucht intensiv gefärbter Tiere muss mittels Selektion weitergezüchtet werden. Das heißt, dass nur Tiere, die gute Erbanlagen haben und diese auch an ihre Nachfahren vererben, für die Weiterzucht verwendet werden. So merkt man bei den heute im Handel befindlichen Crystal-Red-Garnelen, dass nicht alle Züchter Wert darauf gelegt haben, nur mit schönen Tieren weiterzuzüchten.

Begriffe der Genetik
Ein Gen ist eine Erbanlage. Ein Allel ist die Ausprägung eines bestimmten Gens, verkörpert also die konkrete Eigenschaft wie „schwarz" oder „naturfarbig". Gene befinden sich auf einem Chromosom. Das Chromosom ist ein langer, kontinuier-licher DNA-Doppelstrang, wobei man die einzelnen Stränge Chromatiden nennt. Das gleiche Gen kommt auf beiden Chromatiden vor, kann jedoch eine unter-schiedliche Ausprägung (Allel) haben.

Orangefarbener Zwergkrebs, *Cambarellus patzcuarensis*. Die Orangefärbung des eigentlich bräunlich gefärbten Pátzcuaro-Zwergkrebses ist meines Wissens Ende der 1990er Jahre erstmals aufgetreten und hat seitdem eine weite Verbreitung gefunden. Die Naturform taucht fast nie im Handel auf. Durch gezielte Zuchtauslese kann die Farbintensität erhöht werden.

Blauer Floridakrebs, *Procambarus alleni*. Rein blaue Krebse gibt es nicht nur bei dieser Art. Durch die Mutation der eigentlich braunen Tiere fehlen die im Panzer eingelagerten Farbstoffe fast vollständig. Blaue Krebse sind etwas Ähnliches wie Albinos. Da der zum Sauerstofftransport notwendige Blutfarbstoff bei Krebsen – das Hämocyanin – blau ist, erscheinen die Tiere bläulich.

Die Schwarze Tiger-Zwerggarnele ist eine rezessive Mutation der Tiger-Zwerggarnele.

Beispiel

Nachfolgend möchte ich anhand der Schwarzen Tiger-Zwerggarnele, *Caridina* cf. *cantonensis*, verdeutlichen, wie sich Mutationen auswirken können. Ich bin bei der Verpaarung der Garnelen gezielt vorgegangen und habe auch deren Farbverhältnis von schwarz zu normalfarbig einigermaßen vorhergesehen. Bin ich ein Seher oder Wahrsager, der beim bloßen Anblick einer süßen Garnele prophezeien kann, wie die Kinderchen aussehen werden? Da ich eher Naturwissenschaftler bin, möchte ich auf die Gesetze von Mendel eingehen, die uns einige wichtige Regeln vorgeben.

In unserem Beispiel spielt das Gen mit den Allelen „Streifen" (○○) und „schwarz" (●●) die entscheidende Rolle. Nun stellt sich die Frage, was passiert, wenn auf den beiden Chromatiden verschiedene Allelen auftreten, sie also heterozygot sind. Normalerweise überwiegt dabei die Eigenschaft, die man **dominant** nennt. Die andere wird unterdrückt – sie ist **rezessiv**. Klarer wird es, wenn wir uns die Gesetze anhand der Tiger-Zwerggarnelen genauer ansehen.

Uniformitätsgesetz

Die Nachkommen homozygoter (reinerbiger) Individuen sind untereinander gleich. Beide Allele sind gleich ausgeprägt. Verpaart man reinerbige gestreifte Tiger-Zwerggarnelen miteinander, sind auch alle Nachkommen gestreift. Verpaart man dagegen reinerbige schwarze Tiger-Zwerggarnelen, sind auch ihre Kinder schwarz.

Schwarze Tiger

Die schwarze Mutation der Tigergarnele ist im Frühjahr 2002 bei mir in einem Aquarium aufgetaucht. Zuerst entdeckte ich nur ein flächig schwarzes Männchen, zwei Monate später weitere zehn Tiere. Durch Verpaarung des schwarzen Männchens mit einem normalfarbigen Weibchen erhielt ich ausschließlich normalfarbige Jungtiere. Sie verpaarte ich wieder mit dem Vater und einige wenige Junge waren schwarz. Aus den Verpaarungen der rein schwarzen Garnelen ergaben sich ausschließlich schwarze Tiere. Leider verstarben alle schwarzen Garnelen bis auf ein Weibchen bis zum Sommer 2003. Dieses eine Weibchen ist das Ursprungstier aller heute in der Welt erhältlichen Schwarzen Tiger-Zwerggarnelen. Von ihm erhielt ich 48 normalfarbige Jungtiere. Aus Verpaarungen dieser Jungen entstanden wieder einige schwarze Tiere, mit denen ich weitergezüchtet habe.

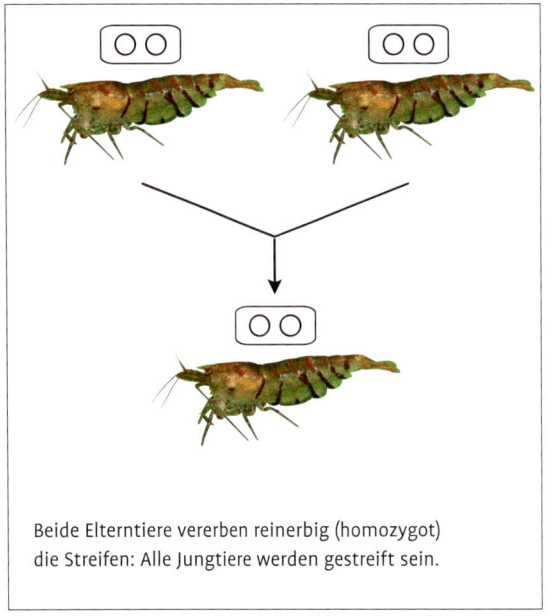

Beide Elterntiere vererben reinerbig (homozygot)
die Streifen: Alle Jungtiere werden gestreift sein.

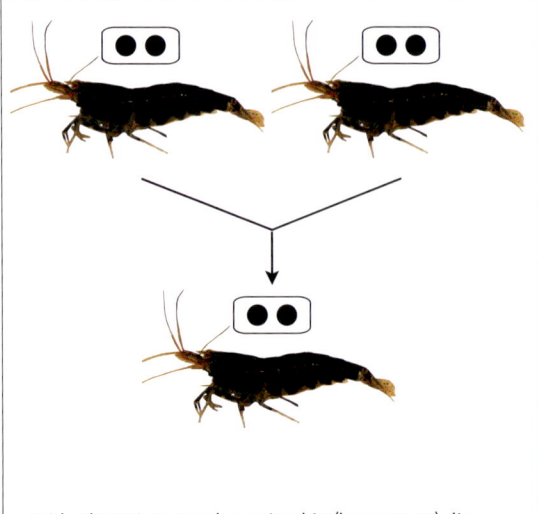

Beide Elterntiere vererben reinerbig (homozygot) die
schwarze Färbung: Alle Jungtiere werden schwarz sein.

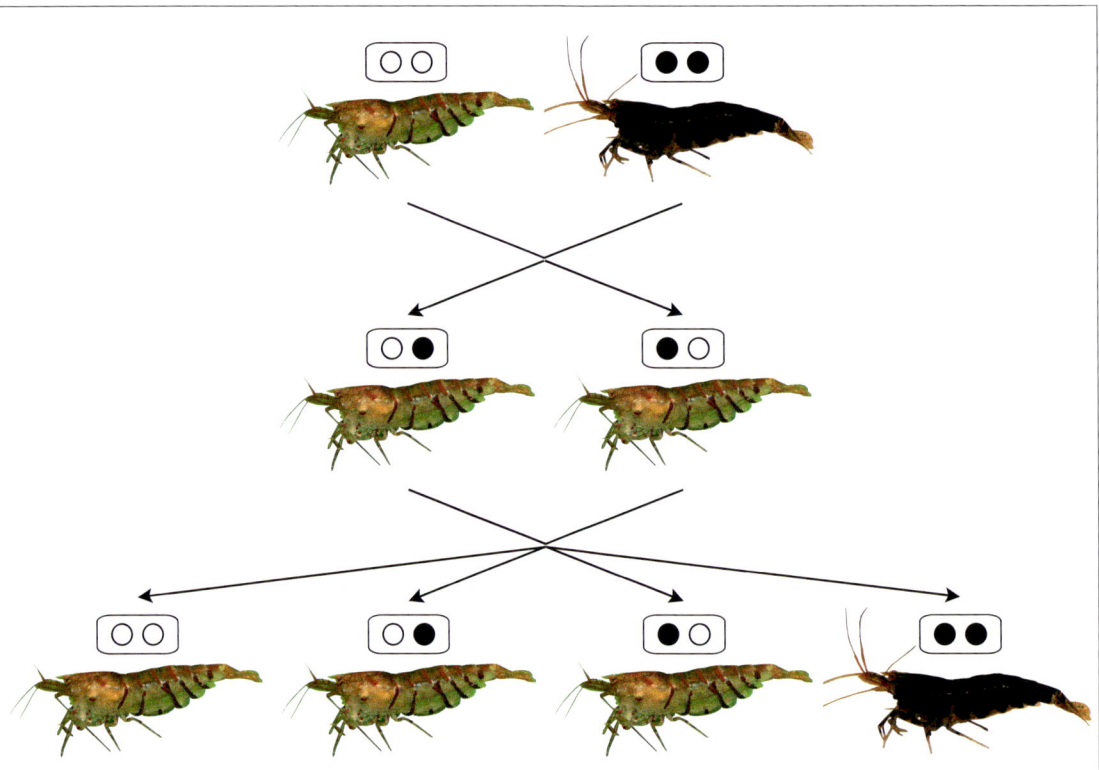

Darstellung des Spaltungsgesetzes. Aus jeweils reinerbigen (homozygoten) Elterntieren entstehen mischerbige (hetero-
zygote) Nachkommen der ersten Generation. Sie sind wildfarben, da die schwarze Mutation rezessiv ist. Verpaart man diese
Nachkommen miteinander, erhält man ein Viertel reinerbige wildfarbige, zwei Viertel mischerbige wildfarbene und ein
Viertel reinerbige schwarze Tiere.

Das Spaltungsgesetz

Unter den Nachkommen einer Kreuzung heterozygoter (mischerbiger) Individuen finden sich beide Eigenschaften in einem bestimmten Zahlenverhältnis, da ja beide Elternteile über beide Allele verfügen.

Auch hier greifen wir auf unser Beispiel zurück und verpaaren eine normalfarbig gestreifte (○○) mit einer schwarzen (●●) Garnele. Alle Kinder dieser Paarung sind von ihrem Aussehen her normalfarbig, tragen allerdings die genetischen Informationen für beide Farbformen (○●, ●○). Dabei ist es unerheblich, auf welchem Chromatid welches Allel liegt. Da die Jungen normalfarbig sind, folgern wir, dass das Schwarz rezessiv vererbt wird und somit die Streifung dominant ist.

Wenn wir jetzt diese spalterbigen Garnelen (○●, ●○) wieder miteinander verpaaren, macht sich das Spaltungsgesetz bemerkbar. Wir erhalten die möglichen Kombinationen ○○, ○●, ●○ und ●●, die von der Wahrscheinlichkeit her mit jeweils 25 % auftreten. Der Phänotyp (Merkmalsausprägung oder Erscheinungsbild) „normalfarbig gestreift" tritt dabei somit aufgrund seiner Dominanz zu 75 % (○○, ○●, ●○) auf und die schwarzen Tiger-Garnelen zu nur zu 25 % (●●).

Da es bei den normalfarbigen Tieren dieser Garnelen-Generation anhand des Aussehens nicht mehr möglich ist zu sagen, ob sie spalterbig sind oder nicht, habe ich alle normalfarbigen Garnelen dieser Generation aussortiert und nur mit den schwarzen Schönheiten weitergezüchtet.

Checkliste

Diese Checkliste soll helfen, die wesentlichen Aspekte der Zucht von Krebsen und Garnelen zu beachten.

- Arten des spezialisierten Fortpflanzungstyps mit weit entwickelten Jungtieren sind sehr viel einfacher zu züchten als Arten des primitiven Typs mit vielen kleinen, freischwimmenden Larven, die besonderes Futter und häufig Brackwasser benötigen.
- Bei Krebsen gibt es Arten, die sich ganzjährig bei konstanten Wasserwerten vermehren. Andere Arten benötigen wiederum im Winter eine Kälteperiode mit Wassertemperaturen zwischen 10 und 15 °C.
- Garnelen mit vielen kleinen Eiern sind meist nur im Brackwasser mit Futter auf Schwebalgenbasis züchtbar.
- Um Bastarde zu vermeiden, sollten bei Zwerggarnelen mit großen Eiern, die gut züchtbar sind, niemals zwei Arten miteinander vergesellschaftet werden.
- Verstärkt kommen attraktive Farbformen verschiedener Arten in den Handel. Bei der Vermehrung sollten jedoch die Wildformen nicht vernachlässigt werden.

BELIEBTE ARTEN

Sehr häufig kann man im Handel 60-cm-Aquarien bereits als **Komplettsets** mit Beleuchtung und Zubehör erwerben. Zunehmend werden auch kleinere Aquarien von 20 oder 30 l Inhalt angeboten. Diese Becken sind relativ günstig und daher für viele Aquarianer der Einstieg in die Aquaristik. Größere Aquarien sind meist erheblich teurer und benötigen den entsprechenden Platz sowie einen stabilen Unterbau.

Aquarien bis zu 60 cm Länge

Aquarien mit 60 cm Länge sind die wohl meistverkauften. Sie sind als Komplettsets bereits mit Technik ausgestattet und enthalten in der Regel einen temperaturgeregelten **Stabheizer** und einen **Motorinnenfilter**. Für die hier vorgestellten Krebse und Garnelen werden diese beiden technischen Errungenschaften meiner Erfahrung nach jedoch nicht benötigt.

Krebse

Hier möchte ich Krebse vorstellen, die in kleineren Aquarien gehalten und gezüchtet werden können. Sie sind untereinander soweit verträglich, dass die Haltung einer kleinen Gruppe mit Jungtieren möglich ist, wenn das Aquarium genügend Versteckmöglichkeiten bietet. Eine **Bodenschicht** aus ehemals getrocknetem Buchenlaub und Mulm trägt sehr zum Wohlbefinden der Krebschen bei. Das Becken kann und sollte gut bepflanzt werden. Die hier genannten Zwergkrebse fressen keine gesunden Pflanzen. Als **Einrichtung** verwende ich mit Javafarn und *Anubias* bewachsene Wurzeln, schwimmendes Hornkraut (*Ceratophyllum*) und dünne Bambusrohrstücke. Höhlen im Bambus oder in Wurzeln sollten einen maximalen Durchmesser von 15 mm haben, da sie sonst nicht als Versteck angenommen werden.

Berechnung des Beckeninhalts

Die Berechnung des Beckeninhaltes in Litern erfolgt anhand des Volumens. 1 l Wasser hat 1000 cm³ Volumen. 1000 cm³ entsprechen einem Würfel mit der Kantenlänge von 10 cm. Ein Standard-Aquarium von 60 cm Breite, 30 cm Tiefe und 30 cm Höhe hat ein Volumen von 54 000 cm³ (60 × 30 × 30 = 54 000), was somit 54 l entspricht.

Cambarellus montezumae, Montezuma-Zwergkrebs

Der aus Mexiko stammende *Cambarellus montezumae* sieht dem weiter unten genannten *Cambarellus shufeldtii* sehr ähnlich, wird jedoch mit bis zu 50 mm einen Zentimeter größer. Montezuma-Zwergkrebse sind tagsüber sehr viel aktiver als *C. shufeldtii*. Leider sind sie auch wesentlich aggressiver untereinander, so dass fünf Alttiere und einige Jungtiere in einem 60-cm-Becken schon grenzwertig sein können. Somit ist eine strukturierte Einrichtung mit vielen Verstecken und einer ordentlichen Laubschicht wesentlich für die erfolgreiche Pflege mehrerer Tiere in einem Aquarium.

Ein Montezuma-Zwergkrebs auf einer Algenkugel.

Cambarellus patzcuarensis, Pátzcuaro-Zwergkrebs

Der **Orangefarbene Zwergkrebs** oder kurz **CPO** für *Cambarellus patzcuarensis* „Orange" ist eine Zuchtform. Die ausschließlich im Lago de Pátzcuaro (Bundesstaat Michoacán/Mexiko) vorkommenden Wildtiere sind graubraun gefärbt. Die Leitfähigkeit des Sees beträgt übers Jahr gemittelt etwa 800 µS/cm, wobei der pH-Wert um 9 liegt und die Gesamthärte zwischen 12,5 und 18 °dGH schwankt. Die Wassertemperaturen reichen im Verlauf des Jahres von 15–25 °C.

Aus diesen Daten kann man die Werte fürs heimische Aquarium ableiten, wobei auch pH-Werte von etwas unter 7 sowie weiches Wasser um 6 °dGH möglich sind. Bei höheren Temperaturen ab 22 °C sollte darauf geachtet werden, dass das Wasser gut belüftet sind, damit sein Sauerstoffgehalt hoch genug ist. Durch regelmäßige nicht zu extreme Wasserwechsel muss die Wasserbelastung durch Stickstoffverbindungen (Nitrat/Nitrit) möglichst niedrig gehalten werden.

Aufgrund der geringen Größe von maximal 4 cm lässt sich die Art auch schon in Aquarien ab 50 l Volumen gut pflegen. Bei abwechslungsreicher Einrichtung mit vielen Verstecken lassen sich darin 10–20 erwachsene Tiere mit Nachwuchs halten. Einen Überbesatz wird es dabei nicht geben, da bei zunehmender Individuenzahl auch der Kannibalismus zunimmt. Als Bewohner eines stehenden Gewässers sind die Krebse eine Mulmschicht am Boden gewöhnt. Sie lieben es, auf Einrichtungsgegenständen herumzuturnen und durch eine dicke Laub- und Mulmschicht am Boden zu krabbeln.

Eine **Vergesellschaftung** mit Harnischwelsen oder kleineren Fischen, die den Jungkrebsen nicht nachstellen, ist gut möglich. Die Vergesellschaftung mit anderen Krebs-Arten empfiehlt sich nicht, da sie sich entweder gegenseitig auffressen oder es bei anderen *Cambarellus*-Arten eventuell auch zu Bastarden kommen kann. Ich selbst bevorzuge die Arthaltung. Dann sind die kleinen Krebse wenig scheu und auch tagsüber im Aquarium unterwegs.

Da die Tiere nur ungefähr 1,5 Jahre alt werden, tritt die **Geschlechtsreife** zwischen dem dritten und vierten Monat bei einer Größe von 15–20 mm recht früh ein, was jedoch stark von der Ernährung und den Wassertemperaturen beziehungsweise der Wasserqualität abhängt. Anhand der Begattungsgriffel der Männchen sind die Geschlechter ab 15 mm Größe schon sehr gut zu unterscheiden, wenn man gute Augen hat oder eine Lupe zu Hilfe nimmt. Außerdem wirken Weibchen bulliger als Männchen.

Für die erfolgreiche **Zucht** muss das Aquarium mit Höhlen ausgestattet sein, in die sich Eier tragende Weibchen zurückziehen können. Neben Bambusröhren eignen sich besonders Tonröhren mit einer Länge von 5–8 cm bei einem

Paarung der Orangefarbenen Zwergkrebse. Das Männchen packt das Weibchen bei den Scheren und dreht es auf den Rücken. In dieser Stellung können die Krebse bis zu eine Stunde lang verweilen.

Innendurchmesser von 10–15 mm, abhängig von der Größe der Weibchen. Die Höhlen sollten einseitig geschlossen sein. Männchen sind untereinander etwas ruppiger als Weibchen, weshalb ein Weibchenüberschuss angebracht ist. Außerdem konzentriert sich das Interesse der Krebsmänner dann nicht nur auf ein einsames Weibchen. Die Krebse vermehren sich ganzjährig.

Die **Begattung** erfolgt meist kurz nach der Häutung der Weibchen. Die Paarung erfolgt, indem das Männchen mit seinen großen Scheren das Weibchen an seinen Scheren ergreift und auf den Rücken oder die Seite dreht. Mit seinen Gonopoden (den ersten beiden Beinpaaren des Hinterleibs) wird dem Weibchen ein Spermapaket zwischen die Schreitbeine geheftet. Die Paarung kann bis zu eine Stunde dauern, während die Tiere regungslos auf dem Boden liegen.

Einige Zeit nach der Begattung produziert das Weibchen einen zähen Schleim, der an den Schwimmbeinen haftet. Der Schleim löst das Spermapaket auf und in ihn gibt das Weibchen die **Eier** ab, die dann befruchtet werden. Der klebrige Schleim sorgt dafür, dass die Eier fest als Klumpen an den Schwimmbeinen haften. Durch die Bewegung der Schwimmbeine wird den 20–60 Eiern frisches Wasser zugeführt. Mit den Scheren entfernt das Weibchen unbefruchtete Eier, die ansonsten leicht verpilzen und die anderen gefährden. Die Eier tragenden Weibchen halten sich während der drei- bis fünfwöchigen Tragzeit vor den anderen Beckeninsassen in ihren Höhlen versteckt. Nur selten kommen sie zum Fressen heraus.

Orangefarbenes Zwergkrebs-Weibchen, das Eier unter seinem Hinterleib trägt.

Die **Jungkrebse** schlüpfen nach etwa vier Wochen. Der bevorstehende Schlupf ist an der unregelmäßigen Zeichnung der Eier zu erkennen, in denen sich die Jungen deutlich abzeichnen. Sie führen einige Häutungen am Hinterleib der Mutter durch, ehe sie sie als fertige Jungkrebse mit einer Größe von 3 mm verlassen. Bis dahin ernähren sie sich vom Dottervorrat. Die ersten Tage ihrer Selbstständigkeit halten sie sich bei der Mutter auf, die zu der Zeit eine Fresshemmung hat. Die **Aufzucht** der Jungkrebse kann in Gesellschaft der Alttiere erfolgen, wenn es viele Verstecke gibt und abwechslungsreich auch mit feinem Futter gefüttert wird. Sofern sich keine umherschwimmenden Fische im Aquarium befinden, werden sich die kleinen Krebse überall aufhalten und auch gut zu beobachten sein.

Weibchen des Louisiana-Zwergflusskrebses mit Eiern.

Cambarellus shufeldtii, Louisiana-Zwergflusskrebs

Cambarellus shufeldtii kommt aus Louisiana (USA) und bewohnt Tümpel im Einzugsgebiet des Mississippi. Die Trockenzeit verbringen die Tiere eingegraben im Schlamm. Sie sind rötlich braun bis grau gefärbt, mit vier dunklen Längsstreifen (selten) oder mit in unregelmäßigen Reihen angeordneten Punkten. Die Weibchen werden mit 40 mm etwa 5 mm größer als die Männchen, sind in der Aufsicht breiter und wirken insgesamt bulliger. Die Männchen sind ab 15 mm Größe gut an den beiden Gonopoden-Paaren zu erkennen. Außerdem haben die Männchen längere und kräftigere Scheren.

Als **Alterserwartung** werden zwei Jahre genannt, was ich allerdings weder bestätigen noch dementieren kann. Das Alter wird sicher auch sehr stark von Umwelteinflüssen wie Wassertemperatur, Besatzdichte und Nahrungsangebot abhängen. Die Haltung der Tiere ist unproblematisch. Der pH-Wert sollte um 7 und die Temperatur zwischen 15 und 25 °C liegen, doch werden auch Temperaturen von 10−30 °C vertragen. Die Krebse lassen sich in weichem bis hartem Wasser halten.

Diese Krebs-Art möchte ich als sehr friedlich bezeichnen. So ist die **Vergesellschaftung** mit Zwergbärblingen der Gattung *Boraras* sehr gut möglich. Auch untereinander kommt es selten zu ernsthaften Rangeleien, so dass in einem 60-cm-Becken mit vielen Verstecken und Klettermöglichkeiten gut 20 Krebse mit Jungtieren gepflegt werden können. Bei Auseinandersetzungen bleibt es beim Drohen mit den Scheren. Der Ängstlichere gibt dann in der Regel nach. Nur wenn sich ein Tier frisch gehäutet und keinen sicheren Versteckplatz gefunden hat, kann es sein, dass ihm ein Artgenosse mal ein oder mehrere Gliedmaßen abschneidet, die bei den nächsten Häutungen wieder nachwachsen.

Die **Zucht** ist bei guter Pflege und ausreichendem Platz einfach und geschieht „von selbst“. Die Eier werden vom Weibchen bei 25 °C etwa vier Wochen getragen, bis die kleinen Krebse schlüpfen. Die Tragzeit hängt stark von der Wassertemperatur ab, also je wärmer desto kürzer. Die Jungtiere werden nach dem Schlupf wenige Tage von der Mutter getragen, bis sie fertig entwickelt sind. Wenn sie die Mutter verlassen, sind sie etwa 4 mm groß und halten sich wenig versteckt in allen Bereichen des Aquariums auf. Anschließend häutet sich das Weibchen und verpaart sich neu. Die Tiere sind nicht sehr produktiv. Ein Weibchen trägt aufgrund der geringen Größe nur etwa 10−30 Eier. Nach drei bis vier Monaten sind die kleinen Krebse geschlechtsreif. Über das **Futter** habe ich im allgemeinen Teil bereits ausführlich geschrieben. Ergänzend sei erwähnt, dass sich die kleinen Zwergflusskrebse bei mir als gierige Fresser von *Ancistrus*-Laich herausgestellt haben. Da ich keinen Platz für weitere Antennenwelse hatte, kam ich auf die Idee, den Laich aus der Höhle der *Ancistrus*-Männchen zu entfernen und die Krebse damit zu füttern. Der Vorteil gegenüber Frostfuttersorten ist, dass Antennenwels-Laich das Wasser nicht belastet und auch mehrere Tage lang im Wasser frisch bleibt.

Garnelen

Die Gattungen *Caridina* und *Neocaridina* enthalten die meisten der derzeit im Handel erhältlichen **Zwerggarnelen**-Arten. Besonders ihre Eigenschaft fleißig Algen zu fressen hat sie beliebt gemacht. Inzwischen kann man einige farbenprächtige Arten und Zuchtformen bekommen.

Wieviele Garnelen pro Aquarium?
Häufig wird die Frage gestellt, wieviele Zwerggarnelen man denn in einem Aquarium halten darf. Bekannte Formeln für Fische, wie 1 cm Fisch auf 1 l Wasser oder ähnliche, kann man getrost ignorieren. Bei Zwerggarnelen hängt die Besatzdichte nahezu ausschließlich von der Wasserqualität ab. Ein extrem hoher Besatz bedingt eine entsprechende Fütterung, und auch Mineralstoffe werden dem Wasser durch die Garnelen entzogen. So sind zehn Garnelen pro Liter Wasser bei entsprechend regelmäßigen Wasserwechseln noch möglich.

Caridina cf. babaulti, Grüne Zwerggarnele

Die bei uns als Grüne Zwerggarnele angebotene Art wird inzwischen als *Caridina* cf. *babaulti* bezeichnet. Eine genaue Artbestimmung konnte bisher nicht erfolgen, doch wird sie von Andreas Karge und Werner Klotz in die Nähe von *Caridina babaulti* gestellt. Die Herkunft der Handelsbezeichnung *Caridina ceylanica* ist nicht mehr nachvollziehbar, aber sie ist auf jeden Fall falsch.

Die mit 2 cm relativ klein bleibende Art hat sich bei mir nie sonderlich gut vermehrt und auch selten die angegebene Größe erreicht. Vielleicht liegt es daran, dass ich meine Tiere um 25 °C halte und sie in der Natur in den Flachländern Indiens und Burmas bei höheren Temperaturen gedeihen. Vielleicht sollte man die Haltung einmal bei knapp unter 30 °C ausprobieren.

Spannend an diesen Tieren ist, dass sie relativ schnell ihre Farbe wechseln können. So sieht man die Grünen Garnelen teils mit und teils ohne Rückenstrich. Ebenso sind rostbraune, orangefarbene oder braune Tiere keine Seltenheit.

Die **Fortpflanzung** der Grünen Zwerggarnele erfolgt im Süßwasser und liegt zwischen dem primitiven und spezialisierten Typ. Die Jungen schlüpfen aus Eiern, die nicht ganz so groß sind wie die der Bienengarnelen. Die Larven sind bereits bodenorientiert und hüpfen wie kleine Kommata über den Boden, ehe sie nach wenigen Häutungsstadien als richtige kleine Garnelen durchs Aquarium laufen. Daher ist die **Vergesellschaftung** mit am Boden fressenden Fischen problematisch. Auch die gemeinsame Pflege mit kleinen Panzerwelsen, die

Schön gezeichnete Grüne Zwerggarnele.

Junggarnelen anderer Arten kaum erbeuten, wird die Zucht dieser Zwerggarnelen-Art kaum zulassen.

Caridina breviata, Hummel-Zwerggarnele

Die ebenfalls aus Südchina stammende Hummel-Zwerggarnele ähnelt im Aussehen der Bienengarnele, hat allerdings ein kürzeres Rostrum. Außerdem fehlt ihr die orangefarbene Zeichnung, insbesondere auf dem Schwanzfächer. Neben den als *Caridina breviata* identifizierten Tieren gibt es sehr ähnlich gezeichnete Formen, deren Artzuordnung noch nicht gelungen ist. Inwieweit die Bestimmung durch Kreuzungen verschiedener Arten im Aquarium erschwert wird, kann leider nicht gesagt werden. Für die **Haltung** sind Temperaturen bis maximal 25 °C zu empfehlen, wobei sich auch hier eine Abkühlung in den Wintermonaten entsprechend den natürlichen Bedingungen empfiehlt, um die **Vermehrung** von Frühjahr bis Herbst anzuregen. Die Art gehört zum spezialisierten Fortpflanzungstyp. Ansonsten gelten die allgemein für Zwerggarnelen gemachten Angaben.

Caridina cf. cantonensis, Bienen-Zwerggarnele

Die Bienengarnele ist mindestens seit den 1980er Jahren in der Aquaristik bekannt. Meine ersten Tiere bekam ich 1991 unter dem wissenschaftlichen Namen *Caridina serrata*, unter dem sie vielfach auch heute noch verkauft werden. Derzeit wird sie *Caridina cantonensis* nahegestellt, daher die wissenschaftliche Bezeichnung *Caridina* cf. *cantonensis*. Dass kein gesicherter offizieller Fundort der im Handel befindlichen Bienengarnelen bekannt ist, vereinfacht die exakte Bestimmung leider auch nicht.

Oben: Hummel-Zwerggarnelen werden oft mit Bienen-Zwerggarnelen verwechselt.

Unten: Kräftig gefärbtes Hummel-Zwerggarnelen-Weibchen mit weit entwickelten Eiern.

    Die Bienengarnele ist sehr variabel gezeichnet. Die Körpergrundfarbe ist gelblich orange, wobei Schwanzfächer und Kopfbereich am intensivsten gefärbt sind. Der Körper ist mit unregelmäßigen schwarzen Streifen oder Flecken überzogen, deren Umfang stark schwankt. Außerdem haben Bienengarnelen häufig weiße Pigmentstellen, unter anderem auch auf dem Schwanzfächer. Durch gezielte Zuchtauslese kann man verschiedene Zeichnungsmuster über die Generationen verstärken oder verdrängen. So gibt es stark dunkel gefärbte Tiere, Tiere mit viel Weiß und Garnelen mit gleichmäßiger Streifenzeichnung. Ich selbst bevorzuge die Ursprungsform mit unregelmäßiger schwarzer Zeichnung und wenigen weißen Flecken. Temperaturerhöhungen auf über 25 °C über einen längeren Zeitraum haben meine Tiere nicht gut vertragen und die

Kräftig gefärbtes Weibchen einer Zuchtform der Bienen-Zwerggarnele.

Crystal-Red-Zwerggarnelen-Weibchen beim Fressen auf einer Algenkugel.

Vermehrung eingestellt. Temperaturen von über 30 °C haben meist ein Massensterben zur Folge.

Die knapp 25 mm groß werdenden Bienengarnelen lassen sich mit dem üblichen **Futter** für Zwerggarnelen füttern. Für die **Zucht** empfiehlt es sich, die Wassertemperatur im Winter ein paar Monate lang auf 15–18 °C abzusenken. Das entspricht den natürlichen Bedingungen, bei denen die Garnelen die Vermehrung einstellen. Nach der Erhöhung der Temperatur auf über 20 °C kann es zu einer Massenvermehrung kommen, während der die Weibchen alle vier Wochen bis zu 40 Eier tragen.

Caridina cf. cantonensis, Crystal-Red-Zwerggarnele

Die Crystal-Red-Zwerggarnele ist eine rote Mutation, die Mitte der 1990er Jahre in Japan bei einem Bienengarnelen-Züchter aufgetaucht ist. Bei der ursprünglichen Form sind die schwarzen und orangefarbenen Muster der Bienengarnele durch rote ersetzt worden. Die Intensität der Farbe hängt stark von der Stimmung der Tiere ab. So ist das Rot sehr blass, wenn sie sich nicht wohlfühlen. Da es sich beim Rot um eine in den Panzer eingelagerte Farbe handelt, kann sie durch die Verfütterung von Farbfutter intensiviert werden. Eine abwechslungsreiche Ernährung mit Algen, Grünfutter und gefrorenen *Cyclops* hat die gleiche Wirkung.

Red Bee, Grade SS, mit No Entry Sign (Einbahnstraßenschild).

Durch gezielte Selektion und Verpaarung passender Tiere sind inzwischen verschiedenste Farbformen entstanden, die sich insbesondere durch den Anteil und die Verteilung der weißen Zeichnungsmuster unterscheiden. Die Tiere mit intensivem Weißanteil werden auch **Red Bee** (Rote Biene) genannt und in verschiedene Farbstufen eingeteilt. Je gleichmäßiger die Zeichnung ist und je mehr leuchtendes Weiß die Tiere zeigen, umso teurer sind sie. Den hohen Weißanteil der Red Bee hat ein Züchter in Japan wahrscheinlich durch das einmalige Einkreuzen einer Hummelgarnele erreicht, die nur entfernt mit der Bienengarnele verwandt ist.

Red-Bee-Farbformen

Red Bee werden in Japan in Grades (Klassen) eingeteilt, die grob wie folgt dargestellt werden können.

Grade B weist drei gleichmäßige weiße Querbinden auf.

Grade A hat dagegen vier gleichmäßige weiße Querbinden.

- Bei **Grade S** werden Garnelen mit Hinomaru Zeichnung angestrebt, die also einen roten Fleck auf weißem Grund am Hinterleib tragen. Schlechter bewertet werden Tiere mit sogenanntem V-Band. Der Hinomaru-Fleck ist bei ihnen v-förmig nach unten ausgezogen. Entsprechend verhält es sich bei Tiger Tooth (Tigerzahn). Bei dieser Form verlaufen zwei dünne Streifen vom Hinomaru-Fleck zum Bauch hin.

- Bei **Grade SS** ist die weiße Farbe noch weiter verstärkt, so dass beide rote Binden des Hinterleibs jeweils zu einem Fleck umgewandelt sind (Doppel-Hinomaru). Ist der große Fleck durch eine weiße Querbinde geteilt, handelt es sich um die Zeichnung „No Entry Sign" (Einbahnstraßenschild). Besteht der vordere Fleck nur aus einem Halbkreis, spricht man von Half Moon (Halbmond).

- Unter **Grade SSS** sind alle Farbformen zusammengefasst, die kaum oder gar keine dunkle Farbe auf dem Hinterleib haben und stattdessen sehr viel Weiß zeigen.

Die **Zucht** der Crystal-Red-Zwergarnele entspricht der aller Zwerggarnelen des spezialisierten Typs (siehe S. 38), wobei sich meist nur die Anforderungen an die Wasserwerte bei den verschiedenen Arten unterscheiden. Auch wenn man für die Zucht hervorragend gezeichnete Tiere auswählt, so ist nicht gewährleistet, dass die Jungtiere ebenso schön sind. Somit werden für die erfolgreiche Zucht besonderer Farbformen viel Geduld, viele Zuchttiere und viele Aquarien für die gezielte Selektion benötigt.

Caridina cf. *cantonensis*, Tiger-Zwerggarnele

Die Tiger-Zwerggarnele gehört zur Gattung *Caridina* und in ihr wie die Bienengarnele in die *Caridina-serrata*-Gruppe. Beide Formen lassen sich fruchtbar miteinander kreuzen. Die Tiger-Zwerggarnele stammt aus Südchina und wird dort als *Caridina cantonensis* gehandelt. Die bisherigen Forschungen lassen allerdings offen, ob es sich um unterschiedliche Farbformen oder Standortvarianten der gleichen Art, Unterarten oder eine andere Art handelt. Neben der deutschen Bezeichnung hat sie auf www.wirbellose.de den Handelscode A 18 erhalten.

Die Zeichnung der normalfarbigen Tiger-Zwerggarnelen ist recht markant. Auf einem bräunlichen bis grünlichen durchsichtigen Körper tragen die Garnelen fünf Querstreifen, die den Körper als Ringe umgeben. Dabei weisen die Streifen im oberen Teil alle nach hinten und die beiden vorderen ab der Seitenmitte nach vorn. An der Schwanzwurzel tragen die Tiere einen dunklen Fleck.

Weibchen der Wildform der Tiger-Zwerggarnele.

Die Weibchen erreichen mit 35 mm ihre maximale Größe. Männchen bleiben mit 25 mm wesentlich kleiner.

Die Tiger-Zwerggarnele hat sich als **mutationsfreudig** herausgestellt. Neben der Wildform sind bereits Tiere aufgetreten, bei denen die eigentlich schwarzen Streifen weiß waren. Außerdem gibt es eine relativ neue Form, bei der die Streifen rot sind. Eine blaue Variante besitzt einen bläulich schimmernden Körper. Bei entsprechender Zuchtauslese kann das Blau fast schwarz erscheinen.

Die beeindruckendste Mutation der Tiger-Zwerggarnele ist die schwarze Zuchtform, die **Black-Tiger-Zwerggarnele**. Bei ihr sind die schwarzen Querstreifen über den ganzen Körper ausgedehnt. Je nach Lichteinfall können sie zusätzlich einen braunen oder blauen Schimmer aufweisen. Leider zeigen die Garnelen häufig helle Stellen und nur wenige sind komplett schwarz. Allerdings scheinen diese hellen Stellen auch stimmungs- oder haltungsabhängig zu sein. Aus einem sehr dunklen Aquarium habe ich nur tiefschwarze Garnelen gefischt, während es in hellen Aquarien auch fleckige gab. Gezielt ausgesuchte schwarze Tiere erwiesen sich nach dem Umsetzen in ein anderes Becken teilweise als fleckig. Ich denke, dass die Farbintensität dennoch durch eine gezielte Zuchtauslese beeinflusst werden kann.

Für die **Haltung** sind Temperaturen bis maximal 28 °C zu empfehlen, wobei sich entsprechend den Bedingungen im Herkunftsgebiet eine Abkühlung in den Wintermonaten empfiehlt, um die Vermehrung von Frühjahr bis Herbst anzuregen. Die Art bereitet Probleme, wenn der pH-Wert unter 6 fällt. Die Tiger-Zwerggarnelen gehören zum spezialisierten Fortpflanzungstyp. Ansonsten gelten die allgemein für Zwerggarnelen gemachten Angaben.

Schwarze Tiger-Zwerggarnele mit orange funkelnden Augen.

Caridina multidentata, Amano-Garnele

Caridina multidentata wird bis zu 5 cm groß, wobei die Weibchen etwa 1 cm größer sind als die schlankeren Männchen. Anders als die anderen klein bleibenden Zwerggarnelen, die kaum älter als zwei Jahre werden, haben Amano-Garnelen nachweislich ein Alter von über fünf Jahren erreicht.

Die Amano-Garnele kann aufgrund ihrer Größe mit sehr viel mehr Fisch-Arten vergesellschaftet werden als die kleiner bleibenden Arten. Somit ist sie auch für „normale" **Gesellschaftsaquarien** geeignet. Man sollte die Garnelen in einem kleinen Trupp ab fünf Tieren halten, da sie gern gemeinsam auf Futtersuche gehen und untereinander nicht aggressiv sind. Fischen werden sie nicht gefährlich, wobei sie sicher bei Fischlaich nicht widerstehen können.

Zu **pflegen** ist diese *Caridina* bei Zimmertemperatur (18 bis etwa 28 °C), wobei sie als Flussbewohner sauerstoffreiches Wasser bevorzugt. Der pH-Wert sollte zwischen 6 und 8 liegen. Die Härte des Wassers ist nebensächlich, da die Tiere sowohl weiches als auch hartes Wasser gut vertragen.

Die **Zucht** von *Caridina multidentata* ist inzwischen mehrfach und reproduzierbar gelungen. Die Geschlechter sind gut zu unterscheiden, da Weibchen häufig Eier tragen oder den Laichansatz im „Nacken" zeigen. Außerdem besteht die Zeichnung an den Flanken der Tiere bei den Weibchen aus Strichen und bei den Männchen aus Punktreihen. Die Weibchen sind fülliger und ihr Hinterleib ist stärker nach unten ausgezogen, um die Eier besser schützen zu können. Wenn die Weibchen gut genährt sind und sich wohlfühlen, bilden sie

Etwa 5 cm großes Amano-Garnelen-Weibchen mit Eiern.

Laich, was bis zu sechs Wochen dauern kann. Dann häuten sie sich, wobei Pheromone (Sexuallockstoffe) ins Wasser abgegeben werden. Durch die Pheromone angeregt, schwimmen die Männchen aufgeregt durchs Aquarium. Hat ein Männchen das Weibchen gefunden, versucht es sich an ihm seitlich festzuhalten und ein Samenpaket an seiner Geschlechtsöffnung zu befestigen. Das kann sehr schnell gehen und ist keine lange Paarung, wie wir sie von Krebsen kennen.

Das Weibchen klappt den Hinterleib ein und gibt seine Eier in die Bauchtasche ab. Dabei löst sich das Samenpaket auf und befruchtet die bis zu 1000 Eier, die dann fest an den Schwimmbeinen haften. Durch regelmäßige Bewegung der Schwimmbeine wird den Eiern frisches Wasser zugefächelt und unbefruchtete oder abgestorbene Eier werden von der Garnele mit den Scheren aussortiert.

Kann man nach vier bis fünf Wochen in den Eiern die Augen als kleine Punkte erkennen, steht der Schlupf kurz bevor. Spätestens jetzt ist es Zeit, die Garnele mit einem Becher vorsichtig aus dem Haltungsbecken herauszufangen. Je früher man sie herausfängt, desto stressunempfindlicher ist sie. Es gibt zwei Möglichkeiten, wie man weiter verfahren kann.

Namensgebung

Die Amano-Garnele ist vielen noch als *Caridina japonica* bekannt, was ein jüngeres Synonym ist, da sie bereits 1860 von Stimpson als *Caridina multidentata* beschrieben wurde. Erst 1892 gab ihr de Man den Namen *Caridina japonica*. Es gibt auch mehrere deutsche Namen. Als „Japangarnele" wird die Art aufgrund des wissenschaftlichen Namens *Caridina japonica* bezeichnet, der natürlich auch ihr Herkunftsland angibt. Der Name „Yamatonuma-Garnele" bezieht sich auf die Provinz Yamato in Japan, aus der die Garnelen kommen. „Amano-Garnele" ist ein verbreiteter Handelsname, da Takashi Amano diese Garnelen-Art häufig zur Algenbekämpfung eingesetzt hat. Durch seine Aquarienfotos wurde dann auch die Garnele berühmt, da bekanntlich viele Aquarianer das Wundermittel gegen Algen suchen. Daher wird sie auch als „Algengarnele" bezeichnet.

Umsetzen ins Brackwasser. Steht bereits ein Brackwasserbecken zur Verfügung, setzt man das Weibchen übergangsweise in ein Miniterrarium aus Plastik von 2–3 l Volumen, das man mit Süßwasser aus dem Haltungsaquarium auffüllt. Wichtig ist die Abdeckung, da die Garnelen gern klettern und springen. In das Becken gibt man noch eine kleine Pflanze oder einen Stein, damit sich die Garnele festhalten kann. Filterung oder Heizung sind nicht erforderlich. Die **Fütterung** erfolgt, wenn überhaupt, nur mit lebenden Algen, da totes Futter das Wasser belasten würde. Wenn die Garnelenlarven geschlüpft sind, kann man etwa 1,5 mm große „Kommata" im Wasser treiben sehen. Dann setzt man das Weibchen vorsichtig wieder in sein altes Aquarium. Die Larven werden mitsamt dem Wasser aus dem Plastikbecken in das Brackwasseraquarium gegossen. Beim Umsetzen muss man nicht zimperlich sein, da die kleinen Babys nicht empfindlich sind. Das Umsetzen erfolgt innerhalb von vier Tagen nach dem Schlupf, denn so lange können die Larven im Süßwasser überleben.

Will man das Weibchen nicht herausfangen, kann man die Larven auch zum Fang anlocken. Sie verhalten sich positiv fototaktisch, schwimmen also zum Licht. Man leuchtet abends, wenn überall das Licht ausgeschaltet ist, mit einer Taschenlampe eine Aquarienecke an, in der man die Larven mit einem kleinen Schlauch nach 15–30 Minuten absaugen kann.

Süßwasser mit Salz anreichern. Will man die Garnelenlarven nicht umsetzen, nimmt man das Weibchen aus dem Süßwasser-Aquarium heraus, nachdem es seine Larven abgesetzt hat. Dem Wasser gibt man pro Liter 10–20 g Meersalz aus dem Aquaristik-Fachhandel zu und rührt um, bis sich das Salz komplett gelöst hat. Den kleinen Larven macht diese Karusselfahrt nichts aus. Man darf kein Kochsalz nehmen, da Meersalz aus weit mehr als Natriumchlorid besteht. Außerdem enthält Kochsalz häufig Stoffe, die es rieselfähig halten und den Garnelen nicht zuträglich sind. Dass durch die Erhöhung der Salzkonzentration einige Algen absterben, ist nicht so tragisch. Sie bilden die Wachstumsgrundlage für brackwasserresistente Arten.

Die kleinen Garnelen schwimmen zum Licht. Schaltet man die Aquarienbeleuchtung aus, sammeln sie sich dort, wo Licht aus der Umgebung hineinscheint. Sie schwimmen sich dabei nicht, wie teils behauptet wird, an der Glasscheibe zu Tode. Ich lasse dennoch die Aquarienbeleuchtung ständig brennen, damit die Larven ganztags fressen können. Sie halten sich dann meist in der Mitte des Aquariums auf.

Die Herausforderung bei der Aufzucht ist, ein ausgewogenes Verhältnis zwischen ausreichender **Fütterung** und guten Wasserbedingungen zu schaffen. Die Fütterung der Larven erfolgt spätestens ab dem fünften Tag, wenn sie ihr drittes Zoea-Stadium erreicht haben. In den ersten beiden Larvenstadien nehmen sie kein Futter auf, da sie sich während dieser Zeit in der Natur den Fluss hinab ins Meer treiben lassen. Man kann bereits früher mit dem Füttern anfangen, wodurch allerdings im Aquarium nur die Algen stärker wachsen. Als Futter dient kleinstes Flüssigfutter auf pflanzlicher Basis, das sich im Wasser verteilt. Einerseits kann man es mit Liquizell probieren, andererseits bietet auch der

Brackwasser-Aquarium

Da ein einzelnes Garnelen-Weibchen 1000 Larven absetzen kann, sollte man ein 60-cm-Aquarien-Set mit Beleuchtung benutzen. Filter und Heizung benötigt man nicht. Damit sich keine Kahmhaut an der Oberfläche bildet, lässt man über einen Luftschlauch im Sekundentakt grobe Blasen aufsteigen. Als Einrichtung kann man einige Plastikpflanzen verwenden, an denen sich Algen bilden können und die den Garnelen später Halt bieten. Es sollte sich um ein eingefahrenes Becken handeln, entweder um das ehemalige Süßwasser-Aquarium, in dem das Garnelen-Weibchen gehalten wird und in dem sich bereits mehrere Wochen lang Algen gebildet haben, oder ein älteres Brackwasserbecken. Das Brackwasser sollte 10–20 g Meersalz pro Liter Wasser enthalten. Mit Leitungswasser frisch angesetztes Brackwasser ist zu aggressiv, um in einem neuen Aquarium den kleinen Larven eine Überlebenschance zu geben.

Algenblüte

Sollten sich durch das kontinuierliche Brennenlassen des Lichts die Schwebealgen im Wasser so stark vermehren, dass sich im Becken nur noch eine grüne Brühe befindet, sinkt die Erfolgsrate bei der Garnelenaufzucht. Dann muss mit entsprechenden Lichtpausen vorsichtig gegengesteuert werden. Zu lange Dunkelphasen sind jetzt auch nicht angebracht, da Algen ohne Licht mehr Sauerstoff verbrauchen als sie produzieren und ihn den Garnelchen somit wegnehmen.

Handel für Meerwassertiere eine reiche Palette an Phytoplankton und entsprechendem Ersatz an. Hier muss man verschiedene Futtermittel ausprobieren.

Den ersten **Wasserwechsel** kann man nach zwei Wochen durchführen, wobei zwischen einem Drittel und der Hälfte des Wassers ausgetauscht wird. Zum Absaugen des Wassers verwendet man einen dünnen Schlauch, den man in die dunkelste Ecke des beleuchteten Aquariums hängt, um keine Garnelen hineinzubekommen. Vorteilhaft ist, wenn man einige Tage lang abgestandenes Brackwasser zum Auffüllen verwendet. Mit frischem Leitungswasser angesetztes Brackwasser ist ungeeignet.

Die **Larvenentwicklung** verläuft über neun Zoea-Stadien und dauert etwa vier Wochen. Dabei wachsen die kleinen Garnelen auf 5 mm Länge heran, ehe sie zum Bodenleben übergehen und aussehen wie Miniaturausgaben ihrer Eltern. Nun kann man wieder das Wasser wechseln. Die kleinen Garnelen, die jetzt fleißig Algen abweiden, können nun noch zwei Wochen im Brackwasser heranwachsen, ehe man sie ins Süßwasseraquarium umsetzt. Das Umsetzen kann wieder recht flott erfolgen. Ein langsames Umgewöhnen ist nicht notwendig, schadet aber auch nicht.

Caridina simoni simoni, Sri-Lanka-Zwerggarnele

Neben *Caridina fernandoi* ist in Sri Lanka die am weitesten verbreitete Zwerggarnele *Caridina simoni simoni*. Im Mai 2004 besuchte ich mit Andreas Karge Sri Lanka und wir fingen einige Garnelen (vermutlich *Caridina brachydactyla*,

Kräftig gefärbtes Weibchen der Sri-Lanka-Zwerggarnele, *Caridina simoni simoni*.

eine Art, die bisher für Sri Lanka noch nicht nachgewiesen wurde). An einem kleinem Stausee in der Nähe eines Dorfes bei Bandagama maßen wir eine Wassertemperatur von knapp 30 °C bei geringer Härte (°KH = °dGH = 0,5) und einer Leitfähigkeit von 48 µS/cm. Der pH-Wert lag mit 5,6 im recht sauren Bereich.

Die Art bleibt vergleichsweise klein und ist mit etwa 20 mm im weiblichen Geschlecht ausgewachsen. Männchen bleiben sogar noch etwas kleiner. Sie sind relativ transparent und nur selten tragen die Weibchen einen leichten Rückenstrich. Charakteristisch sind der Knick im Hinterkörper und das vergleichsweise lange Rostrum. Diese Zwerggarnelen schwimmen häufiger frei und halten sich auch gern in den Pflanzen auf.

Für die **Aquarienhaltung** können die Tiere neben den oben genannten Wasserwerten auch in mittelhartem Wasser mit pH-Werten bis 7 gehalten und gezüchtet werden. Sie können bei Zimmertemperatur gepflegt werden, vertragen aber auch über eine gewisse Zeit Temperaturen bis 35 °C, wie sie sie auch in der Natur teils ertragen müssen.

Die **Zucht** ist einfach und muss nicht in einem gesonderten Zuchtbecken erfolgen. Die Weibchen tragen bis zu 35 Eier. Die Jungen sind, wenn man sie zum ersten Mal sieht, schon etwa 2 mm groß und wachsen recht schnell. Gesondert gefüttert werden müssen sie nicht. Je nach Temperatur tragen die Weibchen im Rhythmus von drei bis vier Wochen Eier.

Fire-Zwerggarnelen-Weibchen mit gelben Eiern. Andere Weibchen können grünliche Eier produzieren.

Neocaridina heteropoda „Red", Fire-Zwerggarnele

Die deutschen Handelsnamen „Fire-Zwerggarnele" (Feuer-Zwerggarnele) und „Red-Cherry-Zwerggarnele" beziehen sich auf die feurig rote Körperzeichnung, die so intensiv sein kann wie bei der Crystal-Red-Zwerggarnele. Die Art wurde früher als *Neocaridina denticulata sinensis* bezeichnet.

Die normale Form dieser Art ist nicht so prächtig rot gefärbt, sondern gräulich braun mit leichter Zeichnung. Die rote Mutation wurde von einem Fischfutterfänger beim Tümpeln in Taiwan in einer kleinen Menge gefunden und im Sommer 2002 zum ersten Mal in Deutschland eingeführt. Der anfängliche Preis von fast 20,– € ist aufgrund der überaus hohen Produktivität der Art so stark gefallen, dass man beim Züchter kaum mehr als 1,– € pro Tier bezahlen muss.

Es ist zu beachten, dass es sich bei dem Rot um eine Fettfarbe handelt, die die Tiere nicht selbst produzieren können. Diese **Karotinoide** sind in höheren Konzentrationen in Möhren, roten Paprika, aber auch in *Cyclops* enthalten. Neben diesen natürlichen Farbfuttersorten gibt es verschiedene Flocken und Granulate, die mit Karotinoiden angereichert sind. Dieses Futter ist in den verwendeten Mengen nicht schädlich. Es genügt

Fire-Zwerggarnele mit auffallend breitem Rückenstrich.

Farbige Eier

Bei der Fire-Zwerggarnele gibt zwei verschiedene Ei-Farben. Teilweise sind die Eier leuchtend gelb, was bei Eier produzierenden Weibchen schon gut am gelblichen Längsfleck im „Nacken" erkennbar ist. Werden die gelblichen Eier dann unter dem Hinterleib getragen, ist der Nackenfleck verschwunden. Andere Tiere produzieren grünliche Eier. Die Farbe scheint nicht futterabhängig zu sein, sondern vererbt zu werden.

auch eine abwechslungsreiche Ernährung mit Frostfutter und Gemüse, um die benötigte Menge Karotinoide bereitzustellen. Das ideale Futter sind ansonsten Algen, ob *Spirulina*-Tabletten oder frische Grünalgen. Und ein veralgter Stein, aus einem anderen Aquarium eingebracht, ist ein Anziehungspunkt für die gesamte Garnelenpopulation.

Sollten alle Ihre Fire-Zwerggarnelen trotz der Gabe von entsprechendem Futter nicht die gewünschte Färbung zeigen, liegt das entweder an den Haltungsbedingungen (Schreckfärbung beim Transport ist auch möglich) oder daran, dass Sie nur Männchen besitzen. Denn nur die Weibchen werden kräftig rot und die Männchen sehen eher blass aus. Anhand dieses Kriteriums kann man auch die Geschlechter dieser Art unterscheiden, bei der die Weibchen bis zu 25 mm groß werden.

Die **Pflege** dieser Garnelen ist sehr einfach. Sie dulden sowohl hartes als auch weiches Wasser bei pH-Werten von über oder unter 7 und vermehren sich, wenn die Werte nicht zu extrem sind. Temperaturen leicht über 30 °C werden verkraftet und sogar die Überwinterung im Gartenteich bei nahezu 4 °C hat schon funktioniert. Die Tiere sind wahre Überlebenskünstler. Aufgrund der starken Algenentwicklung und vielleicht der Sonneneinstrahlung werden die Garnelen im Gartenteich größer und sind besonders intensiv gefärbt.

Die Fire-Zwerggarnelen gehören zum spezialisierten Fortpflanzungstyp. Die Weibchen tragen je nach Größe 20–40 etwa 1 mm große Eier. Die **Jungtiere** schlüpfen nach etwa vier Wochen bei ungefähr 25 °C und sind dann knapp 2 mm groß. Trotz der geringen Größe müssen die kleinen Zwerggarnelen nicht

Die Marmor-Zwerggarnele ist kaum von der Wildform der Fire-Zwerggarnele zu unterscheiden.

Dem Weißperlen-Zwerggar-
nelen-Weibchen sieht man
an, wie die Tiere zu ihrem
Namen gekommen sind.

herausgefangen oder gesondert gefüttert werden. Die Alttiere stellen ihren Kin-
dern nicht nach und in einem alt eingerichteten Aquarium mit Mulm am Boden,
Javamoos und Algen finden sie genügend Futter, um innerhalb von drei Monaten bereits geschlechtsreif zu werden.

Neocaridina palmata bosensis, Marmor-Zwerggarnele

Die auf den ersten Blick recht farblos erscheinende Marmor-Zwerggarnele, *Neocaridina palmata bosensis*, ist nur mithilfe eines Mikroskops von der Wildform
der Fire-Zwerggarnele zu unterscheiden. In Aquarien mit dunklem Bodengrund
zeigt die bis zu 25 mm große Garnele eine kräftig braunschwarze Zeichnung,
die teils auch ins Blaue übergeht. Eine flächig rostbraune Form konnte ich
leider nicht erhalten.

Die Art ist extrem anpassungsfähig und kann in unbeheizten Aquarien
gepflegt werden. Ihre leichte Haltbarkeit hat ebenfalls zur Folge, dass sie sich
sehr gut vermehren lässt und sich schnell große Bestände ergeben. Ihre Schön-
heit entdeckt man erst auf den zweiten Blick, weshalb sie sich auf Aquarienbör-
sen kaum verkaufen lässt. So sind einige Züchter inzwischen dazu übergegan-
gen, diese Garnelen als Futtertiere zu vermehren.

Neocaridina cf. zhangjiajiensis, Weißperlen-Zwerggarnele

Die Weißperlen-Zwerggarnele ist die Zuchtform einer bräunlich blauen Garnele, die der Marmor-Zwerggarnele ähnelt. Sie wurde von Ulf Gottschalk
gezüchtet und bekannt gemacht. Ihren besonderen Reiz machen bei der glasig erscheinenden Form die leuchtend weißen Eier aus, die den Tieren ihren
Namen gaben. Neudeutsch nennt man sie auch White-Pearl-Zwerggarnele.

Haltung und Zucht der bis zu 25 mm groß werdenden Art erweisen sich
meist als sehr einfach und dank der Vermehrungsfreude hat man nach wenigen
Monaten ein Aquarium voller leuchtend weißer Perlen.

Aquarien über 60 cm Länge

Einige der in diesem Kapitel beschriebenen Krebse können auch in kleineren Aquarien gepflegt werden, allerdings nur einzeln oder maximal paarweise. Für Jungtiere und Halbwüchsige ist dann kein Platz mehr. Für manche der nachfolgenden Arten ist jedoch ein etwas über 60 l fassendes Aquarium noch viel zu klein.

Krebse

Unabhängig von der Aquariengröße sind die Strukturierung des Beckens und das Angebot an **Höhlen** entscheidend. Gute Erfahrungen habe ich damit gemacht, dass pro Krebs zwei Höhlen zur Verfügung stehen. So kann sich jedes Tier in sein Eigenheim zurückziehen und hat insbesondere nach der Häutung die Chance, ungeschoren und mit allen Gliedmaßen die gefährliche Zeit des Panzeraushärtens zu überstehen.

Cambarus manningi

Mit *Cambarus manningi* möchte ich einen der farbenprächtigsten Krebse aus Nordamerika vorstellen. Außerdem ist er neben *Cambarus rusticiformis*, der ebenfalls spektakulär gefärbt ist, eine meiner Lieblings-Arten. Die bis maximal 8 cm groß werdenden Tiere leben in schnell fließenden Bächen im mittleren Georgia (USA), die nahezu vollkommen frei von Vegetation sind.

Bei der **Haltung** ist zu beachten, dass die Tiere keine Temperaturen über 24 °C vertragen und sehr sauerstoffbedürftig sind. Positiv ist, dass sie Pflanzen in Ruhe lassen und man somit das Aquarium ansprechend dekorieren kann.

Paarung von *Cambarus manningi*. Das Männchen ergreift das Weibchen an den Scheren und dreht es auf den Rücken.

Etwa 7 cm großes Männchen von *Cambarus manningi*.

Der Bewuchs entspricht zwar nicht den natürlichen Biotopen, aber freut den Betrachter. Neben verschiedenen *Anubias*-Arten, Javafarn und Moosen eignen sich alle anderen Aquarienpflanzen (etwa die Wasserpest), die niedrige Wassertemperaturen vertragen.

Damit die Weibchen Eier tragen, muss die Wassertemperatur über den Winter ein paar Monate lang auf unter 15 °C gesenkt werden. Ist diese Voraussetzung erfüllt, kann man mit etwas Glück Weibchen mit 20–30 Eiern beobachten. Je nach Wassertemperatur dauert die **Eientwicklung** vier bis acht Wochen. Die kleinen Krebse wachsen im Vergleich zu den unten genannten *Procambarus*-Arten extrem langsam. Nach einem Jahr sind sie maximal 35 mm groß und erreichen erst im zweiten Jahr die **Geschlechtsreife**. Aufgrund der genannten Zuchtbedingungen und des langsamen Wachstums verwundert es nicht, dass die Preise für die Tiere relativ hoch sind und wohl auch bleiben werden.

Für die **Pflege** eignen sich bereits Aquarien ab 60 cm, die mit feinem Kies gefüllt sein sollten. Höhlen als Verstecke kann man in Form von Kokosnüssen oder Tonröhren anbieten. Auch graben sich die Krebse unter größeren Steinen und Wurzeln ihre Unterstände selber. Sie benutzen Dekorationsmaterialien nicht nur als willkommene Aussichtspunkte, sondern auch als Basis für Ausbruchsversuche. Nicht abgedeckte Aquarien werden mit Sicherheit früher oder später verlassen. Die Tiere können hervorragend an Silikonkautschuknähten hochklettern.

Die Wasserwerte sind relativ unwichtig, sofern sich der pH-Wert zwischen dem leicht sauren und leicht alkalischen Bereich bewegt. Sowohl weiches als auch hartes Wasser werden akzeptiert, wenn die Temperatur nicht über 24 °C steigt und für ausreichend Sauerstoff im Wasser gesorgt wird.

Die **Fütterung** erfolgt abwechslungsreich, etwa mit gewöhnlichem Flockenfutter oder Futtertabletten. Ganz wichtig ist, dass nicht zu proteinreich gefüttert wird. Sonst kommt es nämlich zu unkontrolliertem Wachstum, die Tiere müssen eine Nothäutung durchmachen und sterben in der Regel frühzeitig. Daher bietet man lieber etwas spärliche Kost wie getrocknetes Eichen- oder Buchenlaub an, das im Herbst oder Winter gesammelt wird. Fischen gegenüber verhalten sich die Krebse friedlich und auch Zwerggarnelen werden nicht behelligt. Allerdings können zu viele Garnelen im Aquarium den Krebs nach der Häutung so belästigen, dass er sich vor lauter Stress in den Krebshimmel verabschiedet.

Cherax destructor von etwa 10 cm Körpergröße.

Cherax destructor, Yabby

Yabbys werden, ähnlich wie die Rotscherenkrebse, bis zu 20 cm groß und sind beliebte Speisekrebse. Untereinander sind sie relativ friedlich, wenn ihnen genügend Höhlen zum Verstecken geboten werden. Somit müssen die Aquarien nicht ganz so groß sein wie bei *Cherax quadricarinatus*.

Wasserpflanzen fressen die Krebse selten. Durch ihre intensiven Grabaktivitäten wird man an eingepflanzten Gewächsen allerdings keine Freude haben.

Man sollte eher Schwimmpflanzen verwenden. Die **Einrichtung** erfolgt mit grobem Kies und Höhlen aus Steinen und Wurzeln. Bei Steinaufbauten muss man auf jeden Fall darauf achten, dass sie wirklich stabil sind, denn durch die Krebse verursachte Zusammenbrüche von Steinhaufen führen schnell zu gesprungenen Scheiben.

An die **Wasserwerte** stellt *Cherax destructor* wenige Ansprüche, sofern das Wasser mittelhart bis hart ist und der pH-Wert im alkalischen Bereich liegt. In entsprechend großen Aquarien mit vielen Versteckplätzen (insbesondere für die Häutung) kann der Yabby mit Malawisee-Cichliden vergesellschaftet werden.

Cherax holthuisi, Aprikosenkrebs

Der Aprikosenkrebs trägt seinen Namen aufgrund seiner Färbung. Es gibt eine zweite Farbform, die eher gräulich erscheint. Die kleinen Augen, die leuchtende Farbe und die teils tagaktive Lebensweise lassen darauf schließen, dass es sich bei *Cherax holthuisi* um einen Höhlenkrebs handelt.

Die bis zu 12 cm groß werdenden Krebse bevorzugen Temperaturen zwischen 20 °C und 25 °C und einen pH-Wert um 7. An Wasserpflanzen vergreifen sie sich nicht, da sie auch in der Natur nicht zu ihrem Nahrungsspektrum gehören. Dass sie dennoch ausgegraben werden, ist jedoch bei diesen Krebsen normal. Die **Zucht** ist mit maximal 80 Eiern nicht produktiv, da die Tragzeit

Cherax-Futter
Als Hauptfutter meiner Krebse hat sich eingeweichtes Eichenlaub bewährt, das ich in Herbst und Winter im Wald sammele. Dabei werden durchaus größere Mengen an Blättern gefressen. Somit sind gut laufende Filter notwendig, die den anfallenden Mulm aus dem Becken holen. Mattenfilter setzen sich bei der Haltung dieser Krebse leider relativ schnell zu.

Cherax-Arten

Während die Krebse der Familien Astacidae und Cambaridae die Nordhalbkugel der Erde besiedelt haben, bewohnen die der Familie Parastacidae die Südhalbkugel. Für die Aquaristik interessant sind unter ihnen die Arten der Gattung *Cherax*, die Australien und Neuguinea besiedeln. Anders als bei den Krebsen aus Nordamerika sind die Geschlechter an den primären Geschlechtsorganen nicht einfach zu unterscheiden. Die weiblichen Geschlechtsöffnungen (Gonoporen) befinden sich am dritten Schreitbeinpaar direkt am Körperansatz. Sie erscheinen als glasige, ovale Flecke. Die Gonoporen der Männchen befinden sich am Ansatz des fünften Beinpaars und sind leicht kegelförmig. Es gibt auch Männchen, die die weiblichen Geschlechtsöffnungen zusätzlich zeigen. Häufig machen sekundäre Geschlechtsmerkmale die Bestimmung recht einfach. Fast immer werden die Männchen kräftiger und bekommen größere Scheren. Männchen einiger Arten haben an der Scherenunterseite einen Fleck, der wie bei *Cherax* sp. „Hoa Creek" glasig sein kann. Bei einigen Arten, wie *C. quadricarinatus* oder *C. lorentzi*, ist der Bereich kräftig rot gefärbt. *Cherax*-Arten erweisen sich meist als äußerst nachtaktiv. Diese Lebensweise wird bei Fischbesatz noch verstärkt. Man sollte auf jeden Fall genug Verstecke bieten. Die Vergesellschaftung mit Zwerggarnelen ist meist gut möglich, da die Garnelen sich über die Futterreste der Krebse hermachen. Da erwachsene Krebse die Garnelen nicht verfolgen, vermehren sich die Garnelen sogar. Fischen stellen *Cherax* kaum nach, jedoch werden sie Fische, die sie nachts einfach ergreifen können, auch fressen.

mit bis zu zwei Monaten sehr lang ist und die Jungtiere ausgesprochen langsam wachsen.

Die als recht friedlich geltende Art kann sowohl mit Fischen als auch mit Artgenossen vergesellschaftet werden, wenn das Aquarium ausreichend groß ist. Vergreifen sich die Krebse dennoch an Fischen, sollte ihre Ernährung überprüft werden. Bevorzugt wird von ihnen Herbstlaub von Eiche und Buche.

Cherax peknyi, Zebrakrebs

Cherax peknyi hat bezüglich seiner Namensgebung einige Turbulenzen hinter sich. Ehemals als *Cherax misolicus* oder *Cherax papuanus* gehandelt, wurde die Art 2008 von Chris Lukhaup nach seinem krebsverrückten Weggefährten Reinhard Pekny aus Österreich als *Cherax peknyi* beschrieben. Aufgrund der sehr variablen Zeichnung, wobei insbesondere der Hinterleib mit seiner gelben Querstreifung auffällt, sind einige Aquarianer von zwei verschiedenen Arten ausgegangen, die Tigerkrebs und Zebrakrebs genannt wurden. Es handelt sich jedoch um ein und dieselbe Art mit unterschiedlichen Farbvarianten.

Ich habe über viele Jahre diese sehr versteckt lebenden und bis zu 12 cm groß werdenden Tiere gepflegt und gezüchtet. Auffällig dabei war, dass nur ungefähr jedes zehnte Nachzuchttier ein Männchen war, während im Handel bei den Importen aus Zuchtstationen die Männchen überwogen. Vermutlich gibt es einen Zusammenhang zwischen der Temperatur oder dem pH-Wert und der Geschlechterverteilung.

Etwa 10 cm großes Weibchen des Aprikosenkrebses, *Cherax holthuisi*.

Tagsüber halten sich die Krebse in ihren Höhlen auf und gehen nachts im Aquarium spazieren. Temperaturen zwischen 18 °C und über 28 °C sind für die erfolgreiche Haltung geeignet. Das Becken sollte viele **Verstecke** aufweisen und als Pflanzen können auf Wurzeln oder Steine aufgebundene *Anubias* verwendet werden. Auch wenn im Boden verankerte Pflanzen selten gefressen werden, so werden sie doch schnell ausgebuddelt.

Die **Vermehrung** erfolgt im Verborgenen. Die bis zu 100 Jungkrebse schlüpfen nach vier bis fünf Wochen und halten sich noch einmal die gleiche Zeit am Hinterleib des Weibchens auf. Schon die Jungkrebse ernähren sich wie die Alttiere vornehmlich von Eichen- und Buchenlaub. Leider wachsen die kleinen Krebse extrem langsam und unterschiedlich. So können sechs Monate alte Jungtiere zwischen 2 und 5 cm groß sein.

Cherax quadricarinatus, Rotscherenkrebs

Der Rotscherenkrebs wird häufig im Handel günstig angeboten. Der Körper ist meist dunkel blaugrün mit gelblichen Punkten. Die Männchen sind ab einer Größe von 10 cm eindeutig an ihrem roten Blasenfleck an der Scherenunterseite zu erkennen. Was diesen Krebs nur für wenige Aquarianer interessant machen sollte, ist seine Größe. Auch im Aquarium können die Tiere bis zu 20 cm erreichen. Daher ist die Haltung eines Paars erst ab einer Beckengröße von 200 l möglich. Möchte man darüber hinaus noch züchten oder mehrere Tiere halten, sind Aquarien ab 500 l ein Muss.

Ein nachtaktiver Zebrakrebs, *Cherax peknyi*, auf Futtersuche.

Ein 15 cm großes Rotscheren-krebs-Männchen in seinem Versteck. Gut zu erkennen sind die roten Blasen an den Scherenunterseiten.

Das Wasser sollte eher etwas härter und leicht alkalisch sein. Bezüglich der **Temperaturen** sind die Krebse anspruchslos, wenn sie konstant über 12 °C liegen. Somit kann auf eine Heizung verzichtet werden. Aufgrund der hohen Temperaturtoleranz bekommt man im Sommer bei Temperaturen von knapp über 30 °C ebenfalls keine Probleme mit den Krebsen.

Mit der **Bepflanzung** muss man sich keine Mühe machen, denn Wasserpflanzen sind eine beliebte Mahlzeit. Lediglich Schwimmpflanzen, an die die Krebse nicht herankommen, dürften gedeihen. Gefüttert werden die Allesfresser vornehmlich pflanzlich, wobei man seiner Fantasie freien Lauf lassen kann. Man sollte aber darauf achten, dass kein gespritztes Obst oder Gemüse angeboten wird. Gern fressen die Krebse Herbstlaub von Eiche und Buche.

Die **Zucht** ist einfach. Bis zu dreimal pro Jahr tragen die Weibchen Eier. Bei großen Weibchen können das über 1000 Stück sein! Nach gut sechs bis sieben Wochen Tragzeit schlüpfen recht kleine Jungkrebse, die noch einige Zeit am Hinterleib der Mutter umhergetragen werden. Will man viele Krebschen aufziehen, muss man rechtzeitig gesonderte Aquarien einrichten und die Anzahl der Kleinen reduzieren, damit sie sich nicht gegenseitig auffressen.

Cherax sp. „Hoa Creek", Purpur-Prachtkrebs

Der Purpur-Prachtkrebs ist seit Anfang 2004 in Deutschland erhältlich. Als weitere deutsche Bezeichnung hat sich Blau-Rosa-Krebs durchgesetzt, da bisher kein weiterer Krebs bekannt ist, der diese beiden markanten Farben in Kombination derart attraktiv zeigt. Die Art kommt aus dem Hoa Creek in Irian Jaya.

Diese Krebse erreichen ohne Scheren eine Gesamtkörperlänge von 15 cm. Der Carapax ist rosa mit bräunlich blauem Untergrund, der durch feine helle Punkte ein „himmlisches" Aussehen erhält. Der Schwanz weist die gleiche Farbkombination auf, wobei die Ränder der Pleomere (Schwanzsegmente) hell gefärbt sind. Beine und Scheren sind bläulich mit hellen Gelenken. Die Scheren sind kräftig und haben weiße Außenkanten und bei größeren Tieren recht starke und spitze Dornen.

Die **Geschlechter** sind schon ab einer Größe von 4 cm recht gut zu unterscheiden. Die Männchen bekommen an der weißen Scherenaußenseite eine längliche, blasenförmige, glasige Stelle, die den Weibchen fehlt.

Diese Krebse sind, wie die meisten anderen *Cherax*-Arten auch, ausgesprochen lichtscheu und kommen erst nachts aus ihren Verstecken. Sie benötigen entsprechende **Höhlen**, wofür sich halbierte Kokosnüsse mit passender Öffnung, einseitig offene Bambusrohre und Tonröhren eignen. Jungtiere leben noch zurückgezogener und graben sich ihre Verstecke im Boden unter den Einrichtungsgegenständen.

An die **Wasserwerte** werden keine besonderen Ansprüche gestellt. Die Wassertemperatur sollte zwischen 20 °C und 25 °C und der pH-Wert zwischen 6,5 und 8,5 bei mittelhartem bis hartem Wasser liegen. **Laub** stellt die Hauptnahrungsgrundlage dar und darf nicht fehlen. Ich bevorzuge Eichenlaub. Eine Grup-

Ein etwa 10 cm großes Purpur-Prachtkrebs-Weibchen.

Kopfstudie eines Purpur-
Prachtkrebs-Männchens.

pe von fünf bis zehn Krebsen vertilgt ohne Probleme pro Woche eine Handvoll
Blätter. Dieser extreme Durchsatz beim Futter führt schnell dazu, dass sich die
Filter zusetzen. Das muss somit bei ihrer Wahl beachtet werden.

In einem Aquarium mit 50 × 60 cm Grundfläche liegt der maximale **Krebs-
besatz** erfahrungsgemäß bei zwei Männchen, vier Weibchen und einigen
Jungkrebsen. Dieser Maximalbestand wird durch die Menge des Futters und
der Versteckmöglichkeiten bestimmt und von den Krebsen bei den Häutungen
selbst reguliert, indem die frisch gehäuteten Tiere, die aufgrund der Enge keine
passende Höhle zum Aushärten des neuen Panzers gefunden haben, von ihren
Artgenossen verspeist werden.

Fischen gegenüber verhalten sich die *Cherax* meiner Erfahrung nach sehr
friedlich. Ich habe sie mit Schwertträgern in einem Aquarium gehalten, wobei
die Fische den kleinen Krebsen nachgestellt haben, während die Krebse keinerlei Aggression gegen die Schwertträger hegten. Auch die Vergesellschaftung
mit *Ancistrus* ist problemlos möglich, wobei man darauf achten muss, dass für
Krebse und Fische genügend Höhlen zur Verfügung stehen. **Zwerggarnelen**
in einem *Cherax*-Becken zu halten und zu züchten ist sehr gut möglich, da die
Krebse die Garnelen nicht behelligen und der von den Krebsen produzierte
Mulm eine sehr gute Nahrungsgrundlage für die Garnelen darstellt.

Meine Tiere **züchte** ich bei etwa 20–25 °C Wassertemperatur, einem pH-
Wert um 6,5–7 und einer Härte um 10 °dGH. Bei diesen Werten tragen die
Weibchen bei mir maximal dreimal pro Jahr Eier. Die Eientwicklung bei 20 °C
beträgt vermutlich etwa vier bis sechs Wochen, wobei ich leider aufgrund der
sehr versteckten Lebensweise nur Vermutungen anstellen kann. Die Temperatur
ist wie bei allen Krebsen der wesentliche Faktor für die Entwicklungsdauer.

Eier tragende Weibchen leben noch versteckter als andere, falls das überhaupt möglich ist. Die Anzahl der Eier, die die Weibchen unter ihrem Schwanz mit sich tragen, dürfte bei großen Tieren maximal 200 betragen, wobei sie in der Regel wesentlich darunter liegt. 50–80 Eier sind schon ein recht gutes Ergebnis. Die Eier sind oval und knapp 2 mm lang. Befruchtete Eier sind dunkelbraun und im späteren Entwicklungsstadium jeweils zur Hälfte hell und dunkel gefärbt. Unbefruchtete Eier sind dagegen hell und teils orange gefärbt.

Nachdem die **Larven** aus den Eiern geschlüpft sind, machen sie noch einige Häutungen unter dem Schwanz der Mutter durch, ehe sie sie mit etwa vier Wochen zum ersten Mal verlassen. Über eine Dauer von ein bis zwei Wochen gehen die kleinen Krebse im Schutz des Elterntiers nachts auf Futtersuche. Tagsüber versammeln sich alle Jungtiere wieder in der Höhle unter dem Schwanz der Mutter. Das Weibchen hat während dieser Zeit keine Fresshemmung, stellt aber seinem Nachwuchs nicht nach.

Die **Aufzucht** der jungen *Cherax* gelingt mit feinem Granulatfutter, *Artemia* und Laub. Bei mir haben sie bei normaler Fütterung und Temperaturen zwischen 20 °C und 24 °C innerhalb von neun Monaten 6 cm Körperlänge erreicht, wobei die Größenunterschiede bei Jungtieren eines Geleges mehrere Zentimeter betragen können. Die kleinen Krebse leben sehr versteckt und graben sich im feinen Kies unter den Einrichtungsgegenständen regelrechte Gangsysteme, was bei der Einrichtung zu berücksichtigen ist. Die Geschlechtsreife ist nach ungefähr einem Jahr mit etwa 8 cm Länge erreicht.

Links: Purpur-Prachtkrebs-Weibchen mit weit entwickelten Eiern. Gut zu erkennen sind die Geschlechtsöffnungen (Gonoporen) am dritten Schreitbeinpaar.

Rechts: Purpur-Prachtkrebs-Babys am Hinterleib der Mutter, die bis zum Freisetzen noch mehrere Häutungen durchmachen müssen. Gut zu sehen ist der helle Dottervorrat im „Nacken".

Procambarus alleni, Blauer Floridakrebs

Der Blaue Floridakrebs ist normalerweise unscheinbar braun gefärbt. Durch die intensiv blau gefärbte Mutation fand diese Art ab Mitte der 1990er Jahre eine weite Verbreitung in der Aquaristik. Ursprünglich wurden aus den USA nur männliche Tiere importiert, weshalb der Preis lange Zeit hoch blieb. Inzwischen wird die Art von vielen Züchtern vermehrt und ist daher schon recht günstig zu beziehen.

Die aus dem südlichen Florida stammenden Krebse bewohnen hauptsächlich stehende Gewässer, in deren Ufer sie kurze Gänge graben, wenn der Wasserspiegel sinkt. Mit einer Maximalgröße von rund 10 cm ist ein Pärchen bereits in einem Aquarium ab 60 cm zu halten, wenn es genügend **Verstecke** gibt. Wie in der Natur halten sich die Tiere gern in den Wasserpflanzen auf, die sie wie ihre Verwandten auch verspeisen.

Die **Zucht** ist ganzjährig bei 20–25 °C möglich. Das Weibchen trägt je nach Größe bis zu 100 Eier. Die Tragzeit beträgt etwa drei Wochen. Die Jungtiere verlassen wenige Tage nach dem Schlupf mit 5 mm Größe ihre Mutter. Untereinander sind die kleinen Kerlchen recht unverträglich, so dass ein frisch gehäutetes Jungtier leicht seinen Geschwistern als willkommene Kost dienen kann. In einem Aufzuchtbecken kann man dem Bedürfnis nach einem eigenen Domizil Rechnung tragen, indem man Lochziegel einbringt. Auch Moorkienwurzeln, Laub und Höhlen sollten nicht fehlen.

Blauer Floridakrebs, *Procambarus alleni*, auf Futtersuche.

Das **Wasser** sollte mittelhart und leicht alkalisch sein, wobei die Tiere auch weicheres Wasser mit leicht saurem pH-Wert vertragen. Wichtig ist bei allen Krebsen, dass beim Umsetzen in andere Wasserverhältnisse insbesondere bei Alttieren mit größter Vorsicht und langsam vorzugehen ist. Am besten setzt man die Tiere mit etwas Wasser aus dem bisherigen Aquarium in einen Eimer mit Versteckmöglichkeiten und lässt tröpfchenweise Wasser aus dem neuen Becken hinzulaufen. Nun kann man die Krebse einfach mit den Höhlen ins neue Aquarium setzen.

Procambarus clarkii, Roter Amerikanischer Sumpfkrebs

Der Rote Amerikanische Sumpfkrebs stammt aus dem Süden der USA (Hauptgebiet Louisiana). Er lebt ursprünglich in Gewässern des Tieflands, in Sümpfen und großen Strömen mit teils hohen Temperaturen. Auch gehören temporäre Gewässer, die zeitweise trocken fallen, zu seinem Lebensraum. Sinkt der Wasserspiegel, graben sich die Krebse tiefe Gänge bis ans Grundwasser, in denen sie die Trockenphase überdauern. Die natürliche Färbung der Krebse ist sehr farbenfroh. Der Körper selbst ist nicht bedornt und dunkelrot bis schwarz gemustert, mit hellen Punkten auf dem Carapax. Charakteristisch für diese Art sind die vielen roten Dornen auf den schlanken und fast drehrunden Scheren. Inzwischen gibt es verschiedene Farbformen. Die beliebtesten zeigen ein leuchtendes Orange oder Rot. Es gibt auch reinweiße und blaue Tiere.

Trotz der geringen Größe von maximal 15 cm handelt es sich bei *Procambarus clarkii* um den am meisten vermehrten Speisekrebs überhaupt. Die Gründe dafür sind seine Anspruchslosigkeit und sein sehr schnelles Wachstum. Die **Geschlechter** sind anhand der Gonopoden und der größeren Scheren der Männchen einfach zu unterscheiden. Im ursprünglichen Verbreitungsgebiet sind die Krebse Sommerbrüter während der Trockenzeit. In Europa haben sie sich völlig umgestellt und sind zu Winterbrütern geworden. Die Weibchen geben also im Herbst ihre Eier ab und tragen sie bis zum Frühjahr aus. Bei hohen Temperaturen können mehrere Bruten pro Jahr stattfinden. Im Aquarium sind sie an keine Jahreszeit gebunden. Die je nach Weibchengröße 50–300 Eier entwickeln sich bei 10 °C eben-

Krebse aus Nordamerika

Von den mehr als 600 bekannten Flusskrebs-Arten leben allein in Nordamerika über 350. In der Aquaristik sind neben den Arten der Gattung *Cambarellus* die Gattungen *Orconectes*, *Cambarus* und vor allem *Procambarus* von Bedeutung. Die hier vorgestellten *Procambarus*-Arten haben für die Aquaristik den Vorteil, dass sie bei Zimmertemperaturen von 18 °C bis 25 °C gut zu halten und auch zu züchten sind. Die Gattungen *Orconectes* und *Cambarus* müssen in der Regel kälter und im Winter bei höchstens 15 °C gehalten werden, weshalb sie für Anfänger nicht geeignet sind. Die *Procambarus*-Arten zeichnen sich durch eine gewisse Unverträglichkeit untereinander und den Drang nach pflanzlicher Kost aus.

Welteroberer

Man nahm früher an, dass *Procambarus clarkii* in Mittel- und Nordeuropa den Winter im Freiland nicht überleben könnte. Das hat sich leider nicht bewahrheitet. In Europa wurden die Tiere erstmals Anfang der 1970er in Spanien zur Speisekrebszucht in Teiche gesetzt, aus denen einige auf Wanderschaft gingen. Inzwischen sind in Westeuropa viele Vorkommen belegt und auch in Deutschland gibt es einige Freilandpopulationen. Diese Krebs-Art hat ein sehr aggressives Ausbreitungsverhalten! Die Tiere können bei feuchtem Wetter auch längere Zeit über Land gehen und somit neue Gewässer erobern. Sie stellen geringste Ansprüche an Sauberkeit und Sauerstoffgehalt und überleben auch in gedüngten und gespritzten Reisfeldern, wo sie einen entsprechenden Schaden anrichten können.

so wie bei 25 °C. Bei 20–25 °C schlüpfen die Babykrebse nach etwa drei bis vier Wochen. Da sie kleine Kannibalen sind, sollte das Zuchtbecken möglichst groß sein und viele Verstecke aufweisen.

Für ein Pärchen sollte ein Becken ab 100 l Volumen gewählt werden, da die Tiere untereinander recht aggressiv sein können. Da sie stark graben, sollten keine großen Steine auf den Sand gelegt werden, da die Gefahr des Untergrabens und der Beschädigung der Bodenscheibe besteht. Als **Einrichtung** können grober Kies, Steine und Wurzeln gewählt werden. Laub von Buche oder Eiche sollte nicht fehlen, da es gern gefressen wird und Jungkrebsen Versteckplätze bietet. Auf die Bepflanzung des Aquariums kann verzichtet werden, da Pflanzen zwar nicht immer gefressen, jedoch ausgegraben oder abgeschnitten werden.

Procambarus sp., Marmorkrebs

Spätestens seit Mitte der 1990er Jahre ist der Marmorkrebs in Deutschland im Handel erhältlich. Leider kann niemand mehr nachvollziehen, woher die Art ursprünglich importiert worden ist. Teilweise wurde sie als Kuba-Krebs gehandelt, wobei sie mit *Procambarus cubensis* nicht nah verwandt ist. Aufgrund genetischer Untersuchungen ist die Zugehörigkeit zur Gattung *Procambarus* jedoch inzwischen belegt. Den deutschen Namen „Marmorkrebs" erhielt die Art von Uwe Werner, der damals meine drei letzten Jungtiere bekam und sie dann 1998 in seinem Buch über Garnelen, Krebse und Krabben vorstellte.

Orangefarbene Zuchtform des Roten Amerikanischen Sumpfkrebses, *Procambarus clarkii.*

Vom Marmorkrebs gibt es nur Weibchen, so dass er sich durch Jungfernzeugung fortpflanzt.

Diese Art wurde bei mir maximal bis 8 cm groß, wobei ich bei anderen Züchtern schon Tiere bis zu einer Körpergröße von 15 cm (ohne Scheren) sehen konnte. Meine Erfahrung ist, dass die Krebse in leicht saurem, weichem Wasser einen dunkelbraun gemusterten Körper haben, der in härterem, alkalischem Wasser auch ins Bläuliche übergehen kann.

Marmorkrebse lassen sich sehr gut in **unbeheizten Aquarien** halten, aber auch eine Temperatur von bis zu 27 °C vertragen sie. Nach unten sind kaum Grenzen gesetzt, denn auch bei Werten knapp über dem Gefrierpunkt wurden schon Tiere mit Eiern beobachtet. Für die Aquaristik ist das ein Vorteil, doch leider bedeutet das auch, dass die Krebse in heimischen Gewässern überleben und sich vermehren können. Es sind bereits **Freilandpopulationen** in Deutschland bekannt geworden. Die Tiere wurden entweder von verantwortungslosen Aquarianern in Gartenteichen oder Seen ausgesetzt oder gelangten als Jungtiere versehentlich in die Kanalisation, wo diese Überlebenskünstler den Marsch durch biologisch arbeitende Klärwerke überstanden haben.

Gegenüber Jungkrebsen und Fischen verhalten sie sich „normalerweise" friedlich, so dass in den Haltungsbecken auch Krebse gezüchtet und Fische gepflegt werden können. Kranke und bodenlebende Fische werden allerdings erbeutet. Die Krebse jagen ihre Beute nicht. Zur **Futtersuche** benutzen sie ihren Tast- und Geruchssinn, denn sehen können sie sehr schlecht. Marmorkrebse können sich als wahre Vernichter pflanzlicher Biomasse entpuppen. So wurden bei mir Javafarn und *Anubias* mit Hingabe verspeist. Weichere Pflanzen widerstehen den Krebsen natürlich noch weniger. Neben lebenden Pflanzen werden auch Laub und Holz gefressen. Wer selbst schon einmal eine Kokosnuss zersägt hat und dann beobachtet, wie ein Krebs sie genüsslich verspeist, bewundert diese Fresswerkzeuge und hofft, dass Filtermatten und Heizstäbe nicht zum Nahrungsspektrum gehören.

Artbestimmung
Ein wichtiges Bestimmungsmerkmale bei Krebsen ist die Form der männlichen Geschlechtsorgane. Da es beim Marmorkrebs allerdings nur Weibchen gibt, wird die Art wohl vorläufig keinen wissenschaftlichen Namen erhalten.

Die große Besonderheit bei den Marmorkrebsen ist die Art der Vermehrung. Sie erfolgt mittels **Jungfernzeugung** (Parthenogenese). Das heißt, es gibt keine männlichen Tiere, sondern nur Weibchen. Somit reicht ein Tier als „Zuchtgruppe" aus, und alle Eier entwickeln sich wieder zu kleinen weiblichen Krebsen. Dieser Vermehrungstyp ist auch von anderen Tiergruppen bekannt, bei der Familie Cambaridae allerdings bisher einmalig.

Das Weibchen trägt die bis zu 200 etwa 2 mm großen Eier bei 27 °C etwa zwei Wochen lang an seinen Schwimmbeinen, wobei die Tragzeit sehr stark von der Wassertemperatur abhängt. Eine derartig schnelle Entwicklung der Eier ist sehr ungewöhnlich. Während dieser Zeit versteckt sich das Weibchen und frisst nicht.

Die **Jungkrebse** halten sich nach dem Schlupf noch etwa drei Tage lang an und bei der Mutter auf. Sie sind dann schon vollwertige Krebse mit einer Größe von 5 mm. Marmorkrebse wachsen sehr schnell. Innerhalb von zwei Monaten können sie bereits 4 cm groß sein. Mit drei bis vier Monaten sind sie bei guter Fütterung mit 5 cm dann schon geschlechtsreif. Somit sind bei höheren Temperaturen, guten Wasserwerten und genügend Futter bis zu vier Generationen pro Jahr möglich. Je beengter die Krebse allerdings gehalten werden, umso langsamer wachsen sie. Bei zu großer Übervölkerung kommt es zu Kannibalismus.

Blaue Monsterfächergarnele beim Auffangen von Futterpartikeln.

Fächergarnelen

Als Fächer- oder Radargarnelen werden Garnelen bezeichnet, die an den ersten beiden Beinpaaren ungewöhnlich lange Borsten haben, mit denen sie Futter aus dem Wasser filtern. Fächergarnelen sind Bewohner von Fließgewässern, an die sie einerseits durch die Ernährung und andererseits durch ihren Körperbau angepasst sind. Ihre drei Schreitbeine enden in einem gebogenen Dorn, mit dem sie sich an Steinen und Wurzeln in starker Strömung festhalten können. Ihr erstes Laufbeinpaar ist insbesondere bei den Männchen sehr kräftig.

Die meist in der Nacht aktiven Garnelen bevorzugen Plätze im Aquarium, an denen sie ihre Fächer in die Strömung des Filters halten können. Da sich dort jedoch gerade das sauberste Wasser befindet, sollten die Tiere mit feinem Futter in der Strömung gefüttert werden. Finden die Garnelen im freien Wasser nicht ausreichend Futter, suchen sie am Boden nach Nahrung und nehmen auch Futtertabletten oder feines Frostfutter an.

Dornen

Wie bereits beschrieben, dienen die Dornen an den Bein-spitzen zum Festhalten an Gegenständen. Sie sind so spitz, dass sie problemlos jeden Transportbeutel durchstechen. Will man keine Gießkanne nach Hause tragen, sollte man entweder eine stabile Dose oder mehrere Tüten zum Trans-port der Tiere benutzen. Die Tüte mit der Garnele wickelt man in eine Zeitung ein und steckt das Ganze in eine zwei-te Tüte. Dann sollte nichts mehr passieren können.

Garnelen

In diesem Kapitel stelle ich Garnelen vor, die häufig im Handel angeboten wer-den und in größeren Aquarien gehalten werden sollten. Natürlich können alle klein bleibenden Arten, die bereits erwähnt wurden, auch in großen Aquarien gepflegt werden. Bei guter Vermehrung kommen sie dann dort ebenfalls zur Geltung.

Atya gabonensis, Blaue Monsterfächergarnele

Die Blaue Monsterfächergarnele oder Riesenfächergarnele wird im männlichen Geschlecht bis zu 15 cm groß. Das besondere an *Atya gabonensis* ist, dass sie sowohl in Westafrika als auch im Osten von Südamerika vorkommt. Wenn man davon ausgeht, dass die Art nicht mithilfe von Menschen oder auf andere Art und Weise den Sprung über die Kontinente geschafft hat, muss sie bereits im Jura vor 150 Millionen Jahren existiert haben, als Amerika und Afrika noch im Kontinent Gondwana vereinigt waren.

Die Tiere sind in meinen Aquarien kaum mehr als ein Jahr alt geworden, weshalb ich für die Zukunft Abstand von ihrer Haltung nehme. Die genaue Ursache für die **Hinfälligkeit** kann ich nur vermuten. Die Haltung in versteck-reichen, gut mit Sauerstoff angereicherten Aquarien ist zwingend notwendig. Außerdem ist eine ausreichende und ausgewogene Fütterung erforderlich, so dass die Tiere sich häuten und wachsen können. Die Abstände der Häutungen können bis zu einem Jahr auseinanderliegen, was vermuten lässt, dass die Art recht alt werden kann. Trotz der weiten Verbreitung in der Aquaristik ist diese Fächergarnele noch nie im Aquarium gezüchtet worden. Einerseits sind die Weibchen im Handel recht selten und anderseits ist man bei der Zucht auf Brackwasser angewiesen, da die kleinen Garnelen mehrere freischwimmende Larvenstadien durchlaufen.

Atyopsis moluccensis, Radargarnele, Molukken-Bergbachgarnele

Die Molukken-Bergbachgarnele bleibt mit bis zu 9 cm Länge relativ klein und tut keinem Mitbewohner etwas an. Ihre Zeichnung ist sehr variabel. Meistens

zeigen die Tiere einen hellen Rückenstrich auf einer bräunlichen, grünlichen bis rötlichen Körperzeichnung. Ein Tier habe ich über sieben Jahre lang gepflegt, wobei es sicher schon zwei Jahre alt war, als ich es bekommen habe. Die Tiere sind genügsam, sollten allerdings in einem Aquarium mit genügend Strömung bei 24 °C bis 26 °C gehalten und mit feinem Futter versorgt werden. Über die Vermehrung kann nur spekuliert werden. Die Larven treiben frei schwebend im Wasser und machen dort einige Larvenstadien durch. Es ist zu vermuten, dass für die erfolgreiche Aufzucht Brackwasser benötigt wird.

Atyopsis moluccensis auf Futtersuche in einem Aquarium beim Großhändler.

Macrobrachium assamense, *Macrobrachium dayanum*, Ringelhand-Garnele

Als Ringelhand-Garnelen werden bis zu 8 cm groß werdende Großarmgarnelen der Gattung *Macrobrachium* bezeichnet, deren Scheren bei Jungtieren und Weibchen rot-schwarz gezeichnet sind. Im Handel tauchen die beiden eng miteinander verwandten Arten *Macrobrachium dayanum* und *Macrobrachium assamense* aus der Artengruppe um *Macrobrachium hendersoni* regelmäßig auf. Es ist nicht auszuschließen, dass inzwischen auch Hybriden beider Arten existieren.

Die Männchen werden größer als die Weibchen und haben die gattungstypischen längeren Scheren. Die intensiv gefärbten dominanten Männchen unterdrücken in der Regel alle anderen Männchen in einem Aquarium, so dass nur ein Männchen wirklich zur Geltung kommt. Stirbt es, folgt schnell ein anderes nach, das seinen Platz einnimmt.

An die **Wasserwerte** werden keine besonderen Ansprüche gestellt. Sowohl in weichem, saurem als auch in hartem, alkalischem Wasser fühlen sich die Tiere wohl und vermehren sich. Bezüglich der Wassertemperatur sind sie sehr flexibel und gedeihen bei Werten zwischen 20 und 30 °C. Somit sind sie geeignet, in einem Diskus- oder *Hypancistrus*-Aquarium die wirbellose Gesellschaft zu stellen. Natürlich funktioniert das nur, wenn die Diskusbuntbarsche weniger Garnelen fressen als auf natürlichem Wege nachwachsen.

Aufgrund der **Größe** und Produktivität der Garnelen sollten Aquarien ab 60 cm Länge gewählt werden. Die Beckeneinrichtung sollte strukturiert und versteckreich sein. Die Verstecke können aus Steinaufbauten, Wurzeln, Kokosnüssen oder anders gebaut werden. Reichlicher Pflanzenwuchs ist vorteilhaft. Die Garnelen vergreifen sich nur an lebenden Pflanzen, wenn nicht ausreichend vegetarische Kost angeboten wird, gefährden aber deren Bestand keineswegs.

Die **Ernährung** sollte vornehmlich mit tierischer Kost erfolgen, wobei rote Mückenlarven am beliebtesten sind. Gute Flocken- oder Tablettenfutter reichen allerdings für eine erfolgreiche Haltung und Zucht aus, wenn man Frost- oder Lebendfutter kritisch gegenübersteht. Tagsüber halten sich die Garnelen vielfach versteckt, kommen aber zur Fütterung hervor. Nachts sind sie dagegen häufiger auf Futtersuche. Stoßen sie dabei auf einen kleinen Fisch, der im Tiefschlaf versunken ist und keine Anstalten macht zu fliehen, kommt es vor, dass dieser „Selbstmörder" gefressen wird.

Untereinander sind die Tiere gelegentlich etwas **zänkisch**. In kleineren Becken überleben auf Dauer oft nur ein Männchen und mehrere Weibchen. Bei dichtem Besatz wird offenbar auch ein Teil des Nachwuchses erbeutet. Auf jeden Fall wird ein Männchen über alle anderen dominieren, ganz gleich wie groß das Aquarium ist.

Die **Vergesellschaftung** mit anderen Garnelen- oder Krebs-Arten ist nicht zu empfehlen. Zwerggarnelen werden von den großen Verwandten schnell erbeutet. Kleinere Krebse fallen ihnen ebenfalls zum Opfer und mit größeren Krebsen legen sie sich an, was dann jedoch zu Verlusten bei den Scheren der Ringelhänder führt.

Großarm-Garnelen

Großarm-Garnelen der Gattung *Macrobrachium* zeichnen sich durch einen Sexualdimorphismus aus. Das heißt, Männchen sind anders gebaut und häufig auch anders gezeichnet als Weibchen. Besonders hervorzuheben ist dabei das bei Männchen stark verlängerte zweite Scherenpaar. Die Schneiden der Scheren erwachsener Männchen sind bezahnt und bei einigen Arten sind Teile der Schere mit Härchen bewachsen. Untereinander sind insbesondere die Männchen meist unverträglich. In jedem Aquarium wird es ein dominantes Tier geben, das die anderen Männchen unterdrückt. Die unterlegenen Tiere zeigen in der Regel weniger Farbe und bleiben kleiner.

Posthornschnecken

Besonders gern fressen Ringelhand-Garnelen Schnecken. Vor allem Posthornschnecken, die ihr Gehäuse nicht wie Turmdeckelschnecken verschließen können, sind für die Garnelen eine willkommene Mahlzeit. Da es mir nie vergönnt war, übermäßig viele Posthornschnecken zu besitzen, mussten meine Ringelhänder auf andere Nahrung ausweichen. Normalerweise sollte es auch kaum möglich sein, ein Überangebot von Posthornschnecken im Aquarium zu haben, denn ihre reichliche Vermehrung zeugt von übertriebener Fütterung.

Porträt eines Ringelhand-Garnelen-Männchens.

Die **Zucht** von *Macrobrachium assamense* und *Macrobrachium dayanum* ist im Süßwasser recht einfach, da sie zum spezialisierten Vermehrungstyp gehören. Das Aquarium sollte mindestens 50 l Volumen aufweisen und gut mit Pflanzen und Wurzeln strukturiert sein, damit sich die Jungtiere aus dem Weg gehen können. Für tragende Weibchen bietet man genügend Versteckmöglichkeiten an, etwa Kokosnusshälften.

Die Weibchen produzieren recht große, ovale, 1,5 mm lange Eier. Ihre Anzahl schwankt je nach Ernährungszustand und Größe des Weibchens zwischen 20 und 60. Bis zu vier Wochen trägt das Weibchen die Eier unter seinem Hinterleib, wobei die Zeit stark von der Wassertemperatur abhängig ist. Bei weniger als 20 °C entwickeln sich die Eier in der Regel nicht.

Während der Entwicklung der Eier lebt das Weibchen sehr versteckt und zieht sich spätestens kurz vor dem Freisetzen der **Junggarnelen** in eine Höhle zurück. Die Jungen werden vom Weibchen in diesem Versteck entlassen, halten sich noch wenige Tage dort auf und verlassen dann erst seinen Schutz. Dieses Verhalten ist bisher nur von Krebsen bekannt gewesen und konnte von mir erstmals auch bei Garnelen beobachtet werden. Das Weibchen hat während der Betreuungszeit eine Fresshemmung und vergreift sich nicht an den Babys.

Die jungen Garnelen sind nach dem Freilassen etwa 5 mm groß und durchsichtige Miniaturausgaben ihrer Eltern. Erst ab etwa 3–4 cm Größe werden ihre Farben intensiver. Bis dahin kann man die Jungtiere als Glasgarnelen mit rot-schwarzen Ringelsöckchen an den großen Scheren bezeichnen. Dass junge Großarmgarnelen bis zu einer gewissen Größe fast durchsichtig sind, trifft auf sehr viele Arten zu. Durch diese Tarnung werden sie von ihren Fressfeinden nicht so leicht erkannt.

Der Vorteil bei der **Aufzucht** von Ringelhand-Garnelen ist, dass kein besonders feines oder spezielles Futter angeboten werden muss. Natürlich kann man die kleinen Garnelen auch ausschließlich mit Flockenfutter aufziehen. Man sollte es aber nicht, denn bereits als Jungtiere sind sie Fleischfresser. Angeboten werden können rote, schwarze oder weiße Mückenlarven, sowohl lebendig als auch gefroren. Daneben bieten sich andere entsprechend große gefrostete Futtertiere wie *Cyclops* und Bosminiden sowie lebende Wasserflöhe an. Wenn die kleinen Garnelen etwas größer sind, fressen sie wie ihre Eltern Posthornschnecken.

Die Jungtiere wachsen unterschiedlich schnell. Schon im Alter von vier Monaten können sie geschlechtsreif sein. Dafür sind allerdings ein großes Becken, regelmäßige Wasserwechsel und eine gute Fütterung notwendig. Meine größten Jungtiere waren nach vier Monaten bis zu 4 cm groß. Mit 7 cm Größe sind sie ausgewachsen.

Macrobrachium eriocheirum, Borstenhand-Garnele

Die bis zu 7 cm groß werdende und bräunlich gefärbte Borstenhandgarnele aus Thailand besticht aufgrund ihrer geringen Größe und besonderen Scherenarme. Aufgrund ihrer eher tierischen **Ernährung** sollte auf die Vergesellschaftung mit kleineren Fischen verzichtet werden, da sie gelegentlich als Futter angesehen werden. Neben normalem Fischfutter fressen die Garnelen gern lebende und gefrorene Mückenlarven. Die **Zucht** ist aufgrund der großen Eier

Ringelhand-Garnelen-Männchen von etwa 7 cm Größe.

Borstenhand-Garnelen-Männchen, *Macrobrachium eriocheirum*, von etwa 6 cm Größe.

und somit beim Schlupf weit entwickelten Junggarnelen relativ einfach, wenn man berücksichtigt, dass sie erst bei mittelhartem Wasser möglich ist. Die Weibchen leben versteckt, wenn sie Eier tragen. Die Aufzucht der kleinen Garnelen gelingt mit Granulat- oder feinem Frostfutter.

Macrobrachium lanchesteri, Glasgarnele

Die Glasgarnele *Macrobrachium lanchesteri* ist als *Macrobrachium lar* schon seit Anfang der 1990er Jahre in der Aquaristik bekannt. Die deutsche Bezeichnung Glasgarnele beruht auf ihrem unscheinbaren farblosen Aussehen. Außer einer leichten schwarzen Strichzeichnung am Kopf hat die Glasgarnele keine Besonderheiten zu bieten.

Die Art ist in Asien weit verbreitet und kommt auch in Thailand vor. Ihr weites Verbreitungsgebiet zeugt von ihrer Anpassungsfähigkeit. **Wassertemperaturen** von 20–30 °C, pH-Werte von 6–7,5 und ein Härtebereich von 4–30 °dGH geben uns die Möglichkeit, die Tiere meist in normalem Leitungswasser zu halten.

Obwohl diese Großarmgarnele bis zu 7 cm erreicht und die Männchen gegenüber den Weibchen vergrößerte Scheren haben, sind diese Scheren doch so zart, dass sie Fischen ab 3 cm kaum schaden können. Die Geschlechter sind außerdem an der Figur der Weibchen zu erkennen, deren Hinterleib zum Schutz der

Eier weiter nach unten ausgezogen ist. Untereinander sind die Garnelen relativ friedlich, so dass es sich anbietet, mindestens sechs Tiere zu halten.

Die Garnelen können bis zu vier Jahre alt werden, ein **Alter**, das ein Männchen bei mir bereits erreicht hat. Das Schöne an diesen zarten Gesellen ist, dass sie im Vergleich zu anderen Arten kaum scheu sind und sich viel auf den Pflanzen und sogar im freien Wasser aufhalten. Aus diesem Grund sollten die Garnelen nicht mit zu großen Fischen vergesellschaftet werden, die ihnen nachstellen könnten. Insbesondere nach der Häutung wären sie dann eine leichte Beute.

Die Garnelen sind **Allesfresser**, wobei Mückenlarven oder Ähnliches bevorzugt werden. Pflanzen werden nicht gefressen und beim Fischfang konnte ich meine Garnelen bisher nicht beobachten.

Die Glasgarnele gehört zum primitiven Fortpflanzungstyp, benötigt jedoch kein Brackwasser für die **Aufzucht** der Jungtiere. Somit bleibt der Aquarianer von Wasserpanschereien verschont. Die Aufzucht im Haltungsbecken ist aufgrund der Fortpflanzungsbiologie nicht zu empfehlen. Weiches bis mittelhartes Wasser bei pH-Werten um 7 ist für die Zucht ausreichend. Die Temperatur sollte zwischen 22 °C und 27 °C liegen.

Das Weibchen setzt seine Larven ins freie Wasser ab, nachdem es die Eier etwa drei Wochen lang getragen hat. Es empfiehlt sich, es vorher behutsam mit einem durchsichtigen Becher einzufangen und in ein vorbereitetes Aufzuchtbecken zu setzen. Der geeignete Zeitpunkt dafür ist, wenn man in den Eiern bereits die Augen der Garnelenlarven erkennen kann.

Deutlich erkennt man beim Glasgarnelen-Weibchen die Eier unter dem Hinterleib.

Als **Aufzuchtbecken** eignen sich sehr gut Plastikbecken oder -terrarien, deren Deckel verhindert, dass das Muttertier mit einem gewagten Sprung das Wasser verlassen kann. Beckengrößen von 3–5 l Volumen sind ausreichend, wenn man davon ausgeht, dass man es kaum schafft, alle der bis zu 200 Larven aufzuziehen. Ansonsten sollten es schon 10–20 l Wasser sein. Vor dem Einsetzen des Weibchens füllt man das Becken mit Wasser aus dem Haltungsbecken, um Stress für das Tier zu vermeiden. Eine weitere Einrichtung verwendet man nicht. Es wird lediglich ein Luftschlauch eingebracht, der sekündlich grobe Blasen abgibt, um das Wasser mit Sauerstoff anzureichern und eine Kahmhaut auf der Wasseroberfläche zu verhindern.

Nachdem das Weibchen die frei treibenden Larven ins Wasser abgesetzt hat, fängt man es vorsichtig wieder heraus. Über dem Becken installiert man einen Punktstrahler, in dessen Lichtstrahl sich die Larven sammeln, da sie stets zum Licht streben. Man lässt ihn kontinuierlich brennen, um den Larven eine Orientierungshilfe zu geben.

Ab dem dritten Tag, wenn die Jungen nach der Häutung verlängerte Greifarme besitzen, können Pantoffeltierchen oder frisch geschlüpfte *Artemia* angeboten werden. Die Jungtiere sind jetzt etwa 3 mm groß. Sie jagen die Salinenkrebschen nicht, sondern warten, bis sie ihnen in die Arme schwimmen. Es

Glasgarnelen geben ihre Eier ins freie Wasser ab.

muss also mit genügend *Artemia* gefüttert werden. Von Vorteil ist es, dass sowohl Garnelen als auch *Artemia* zum Licht streben. Somit kann diese Begegnung mit einer gezielten Beleuchtung gefördert werden.

Ein umfangreicher täglicher **Wasserwechsel** mit Wasser aus dem Haltungsaquarium ist unumgänglich, wenn das Aufzuchtbecken relativ klein ist, und viele *Artemia* tot am Boden liegen. Am besten saugt man den Boden mit einem kleinen Luftschlauch vorsichtig ab und lässt das neue Wasser wieder mit einem dünnen Schlauch ins Becken laufen. Der Einsatz von Schnecken oder kleinen Harnischwelsen kann bei der Reinhaltung des Aquariums helfen.

Larven von *Macrobrachium lanchesteri*. Gut zu erkennen sind die gefressenen *Artemia*.

Die weitere Aufzucht stellt kein Problem mehr dar. Die Jungen machen jetzt mehrere Larvenstadien durch, in denen Sie mit dem Kopf nach unten durchs Wasser treiben. Nach zwei Wochen kann man beginnen, kleine Wasserflöhe zu verfüttern. Sie haben den Vorteil, dass sie im Wasser nicht so schnell absterben wie die *Artemia*. Im Alter von etwa vier Wochen gehen die dann knapp 8–10 mm großen Jungtiere zum Bodenleben über und können mit normalem Futter weiter aufgezogen werden. Einem Umsetzen in ein größeres Aquarium steht jetzt nichts mehr im Wege.

Macrobrachium rosenbergii, Riesengarnele

Die Riesengarnele habe ich nur in das Buch aufgenommen, um vor ihr zu warnen. Mit bis zu 30 cm Körperlänge und 50 cm langen Greifarmen bei den Männchen ist diese Art nur für große **Schauaquarien** geeignet und nichts für den Normalaquarianer. Leider wird sie dennoch häufig als Jungtier im Handel angeboten, da sie als beliebte Speisegarnele in Zuchtfarmen in Massen gezüchtet wird und somit günstig zu erwerben ist. Ihre Zucht erfolgt im Brackwasser und ist im Aquarium daher kaum möglich. Nur einen Bruchteil der bis zu 150 000 Babygarnelen aufzuziehen erfordert schon entsprechende Aquarien.

Sie können sich einfach davor schützen, aus Versehen Jungtiere der Riesengarnelen oder anderer groß werdender Arten zu erwerben, auch wenn sie die betreffende Art nicht bestimmen können. Wenn es ihnen bei Großarmgarnelen einer Größe von bis zu 8 cm nicht möglich ist, die Geschlechter zu unterscheiden, können sie davon ausgehen, dass die Tiere mindestens noch einmal das Gleiche an Wachstum zulegen. Tragen die Tiere bereits Eier oder sind die Geschlechter zu erkennen, haben sie ihre Endgröße bald erreicht.

SERVICESEITEN

Literatur

Im Literaturverzeichnis möchte ich nur die mir wichtig erscheinende Literatur aufführen, die für den Normalaquarianer zu empfehlen ist. Neben den inzwischen in den einschlägigen Aquaristikmagazinen erschienenen Artikeln über Krebse und Garnelen gibt es leider nur sehr wenige Bücher, die sich den Crustaceen widmen und die ich empfehlen kann.

GONELLA, H. (1999): Krebse, Krabben und Garnelen im Süßwasseraquarium. Ruhmannsfelden.
Das Buch von Hans Gonella ist ein lesenswerter Klassiker, der leider auf dem Stand des letzten Jahrtausends ist und viele neue Erkenntnisse und Arten vermissen lässt.
HOFSTÄTTER, C. (2007): Garnelen & Krebse. Stuttgart.
Christian Hofstätter ist Praktiker und hat seine Kenntnisse und Erfahrungen mit guten Bildern zu Papier gebracht.
KARGE, A., & W. KLOTZ (2007): Süßwassergarnelen aus aller Welt. Ettlingen.
Andreas Karge und Werner Klotz haben viele Jahre Arbeit mit umfangreichen Literaturstudien und sehr guten Bildern in dieses Werk gesteckt, das trotz des Umfangs nicht alle bekannten Garnelen-Arten behandelt. Das Buch ist ein Muss für alle Garnelenhalter, die mehr aus wissenschaftlicher Sicht erfahren möchten.
LOGEMANN, C. & F. (2007): Garnelenfibel. Süßwassergarnelen für Anfänger und Fortgeschrittene. Ettlingen.
Witzig und mit persönlichen Erfahrungen gespickt beschreiben die Brüder Logemann die Welt der Garnelen. Die Praxis steht bei dem sehr gut bebilderten Buch im Vordergrund.
LUKHAUP, C. (2003): Süßwasserkrebse aus aller Welt. Ettlingen.
Der Klassiker über Süßwasserkrebse darf in keinem Krebshaushalt fehlen. Es werden alle bisher bekannten Arten beschrieben. Der Praxisteil ist jedoch sehr kurz.
LUKHAUP, C., & R. PEKNY (2005): Krebse im Aquarium. Haltung und Pflege im Süßwasser. Ettlingen.
Die beiden Krebsverrückten haben in diesem hervorragend bebilderten Buch die wichtigsten Informationen über Haltung und Pflege der gängigsten Süßwasserkrebse zusammengetragen.

Werner, U. (2008): Garnelen, Krebse und Krabben im Süßwasser-Aquarium. 3. Aufl. Rodgau.
Die erste Auflage von 1998 des Buches von Uwe Werner hat mit der 3. Auflage kaum noch etwas gemein. Das inzwischen umfangreiche Werk behandelt zusätzlich Krabbenkrebse, Landeinsiedler, Süß- und Brackwassereinsiedler, Süßwasserpistolenkrebse sowie die Schwertschwänze.

Internet

Aufgrund der Schnelllebigkeit des Mediums Internet beschränke ich mich auf wenige Hinweise, die jedoch mit ihren Linklisten Ausgangspunkt für die Suche nach weiteren Seiten sind.
www.wirbellose.de: Meine Internetseite über wirbellose Tiere des Süßwassers bietet neben der umfangreichen Artendatenbank und Erfahrungsberichten eine Halterliste, Kleinanzeigen, Literaturtipps und eine Mailingliste für Wirbellosen-Verrückte. Der seit 1998 ständig ausgebaute Auftritt ist der Hauptanlaufpunkt im Internet.
www.crusta10.de: Die Internetseite von Chris Lukhaup ist eine Sammlung hervorragender Fotos verschiedenster Krebse, Garnelen, Krabben, Muscheln und Schnecken. Reinhard Pekny unterstützt ihn durch seine Krebs- und Reise-erfahrung, während Werner Klotz und Andreas Karge den Systematikteil und die Artbestimmung der Garnelen beisteuern.
www.vda-online.de: Die Seite des Verbandes Deutscher Vereine für Aquarien- und Terrarienkunde e.V. ist Ausgangspunkt für die Suche nach Aquarienverei-nen und Wirbellosen-Haltern.

Vereine

In Deutschland ist der **Arbeitskreis Wirbellose in Binnengewässern** (AKWB) des Verbandes Deutscher Vereine für Aquarien- und Terrarienkunde e.V. (VDA) als überregionaler Verein mit verschiedenen Regionalgruppen vertreten. Im Internet ist es die **Arbeitsgemeinschaft Wirbellose Tiere der Binnengewässer** unter www.wirbellose.de, die sich um interessierte Aquarianer kümmert. Des Weiteren gibt es in vielen ortsansässigen Aquarienvereinen Interessengruppen für Wirbellose.

Glossar

Abdomen: Hinterleib der Garnele oder des Krebses.

Adsorptionsfilter: Filter, an dessen Oberfläche chemische Stoffe gebunden werden.

Aerober Abbau: Mikrobiologischer Prozess unter Sauerstoffnutzung.

Aktivkohle: Poröse Kohle, die in Adsorptionsfiltern eingesetzt wird.

Allel: Ausprägung eines Gens, das sich auf einem Chromosom lokalisiert befindet.

alkalisch: pH-Wert über 7.

benthisch: An das Bodenleben angepasst.

Carapax: Rückenschild aller Zehnfußkrebse.

Cephalothorax: Vorderleib, bestehend aus Kopf und Brust.

Chitin: Eine der Cellulose ähnliche Verbindung und wichtiger Bestandteil des Exoskeletts.

Chromatid: Einzelner DNA-Strang, Hälfte eines Chromosoms in einer diploiden Zelle.

Chromosom: Träger der Erbinformationen in der Zelle, besteht in diploiden Zellen aus zwei Chromatiden.

CO_2: Kohlenstoffdioxid aus einem Kohlenstoff- und zwei Sauerstoffatomen.

Crustaceen: Gruppe der Krebstiere.

Cuticula: Von der Haut abgeschiedenes Außenskelett der Krebstiere.

Dekapoden: Zehnfußkrebse, wie Garnelen, Krebse, Krabben.

Detritus: Lateinisch „Abfall". Abgestorbenes Pflanzen- und Tiermaterial, das durch Bakterien, Pilze und kleine Tierchen zersetzt wird.

deutsche Gesamthärte: Summe aus temporärer und permanenter Wasserhärte, gemessen in °dGH.

DNS: Desoxyribonukleinsäure, Trägerin der Erbinformation.

emers: Außerhalb des Wassers.

Exoskelett: Außenskelett, Panzer.

fototaktisch: Zum Licht orientiert.

Genotyp: Alle in einem Organismus angelegten Erbanlagen.

herbivor: Pflanzenfressend.

Huminstoffe: Abbauprodukt organischer Gewebe.

Ion: Elektrisch geladenes Atom oder Molekül.

Kannibalismus: Verzehren von Artgenossen oder ihrer Teile.

Karbonate: Chemische Verbindungen mit Kohlenstoff und Sauerstoff.

Karbonathärte: Temporäre Härte, die von Salzen der Kohlensäure gebildet wird.

karnivor: Fleischfressend.

Kohlendioxid: CO_2.

Kohlenstoff: Chemisches Element mit dem Symbol C.

Komplexauge: Auge, das aus mehreren Einzelaugen besteht.

Mutation: Spontane Veränderung des Erbguts.

Nische: Freiraum für eine Art innerhalb eines Ökosystems.

Nitrifikation: Bakterielle Oxidation von Ammoniak oder Ammonium zu Nitrat.

omnivor: Allesfressend.

Oxalsäure: Oxalsäure ist in höherer Konzentration giftig.

Oxidation: Entstehen einer chemischen Verbindung, beispielsweise mit Sauerstoff, unter Abgabe von Elektronen.

pelagisch: Frei im Wasser lebend.

Phänotyp: Merkmalsausprägung oder Erscheinungsbild eines Organismus.

pH-Wert: Maß für die Stärke der sauren oder basischen Wirkung einer wässrigen Lösung.

Phytoplankton: Pflanzliches Plankton, vornehmlich aus Algen bestehend.

Plankton: Frei im Wasser treibende und schwebende Organismen.

Pleon: Siehe Abdomen.

Rhizom: Unterirdisch oder dicht über dem Boden wachsendes Sprossachsensystem.

Rostrum: Vordere Verlängerung des Carapax.

Sauer: pH-Wert unter 7.

Sauerstoff: Chemisches Element mit dem Symbol O.

Schwermetalle: Bestimmte „giftige" Metalle.

Stickstoff: Chemisches Element mit dem Symbol N.

Submers: Unter Wasser.

Telson: Letztes Segment am Hinterleib.

Uropoden: Anhängsel des letzten Hinterleibsegments, bilden zusammen mit dem Telson den Schwanzfächer.

Wärmekapazität: Vermögen eines Stoffs, thermische Energie zu speichern.

Wasserhärte: Konzentration der im Wasser gelösten Ionen der Erdalkalimetalle.

Wassermolekül: H_2O.

Wasserstoff: Chemisches Element mit dem Symbol H.

Wirbellose: Tiere ohne Wirbelsäule.

Register

Bildquellen

Alle Abbildungen einschließlich des Titelfotos stammen vom Autor, mit
Ausnahme der Folgenden:
Christel Kasselmann: Fotos auf S. 18–22, 23 unten
Helmuth Flubacher: Zeichnungen auf S. 8, 16

Haftungsausschluss

Die in diesem Buch enthaltenen Empfehlungen und Angaben sind vom Autor
mit größter Sorgfalt zusammengestellt und geprüft worden. Eine Garantie
für die Richtigkeit der Angaben kann aber nicht gegeben werden. Autor und
Verlag übernehmen keinerlei Haftung für Schäden und Unfälle.

Bibliografische Information der Deutschen Nationalbibliothek
Die Deutsche Nationalbibliothek verzeichnet diese Publikation in der
Deutschen Nationalbibliografie; detaillierte bibliografische Daten sind im
Internet über http://dnb.d-nb.de abrufbar.

© 2008 Eugen Ulmer KG
Wollgrasweg 41, 70599 Stuttgart (Hohenheim)
E-Mail: info@ulmer.de
Internet: www.ulmer.de
Lektorat: Michael Kokoscha, Dr. Eva-Maria Götz
Herstellung: Michael Kokoscha, Thomas Eisele
Umschlagentwurf: Atelier Reichert, Stuttgart
Druck und Bindung: Firmengruppe APPL, aprinta Druck, Wemding
Printed in Germany

ISBN 978-3-8001-5558-3

Quelle:Pixe

Für den Durchblick im Aquarium

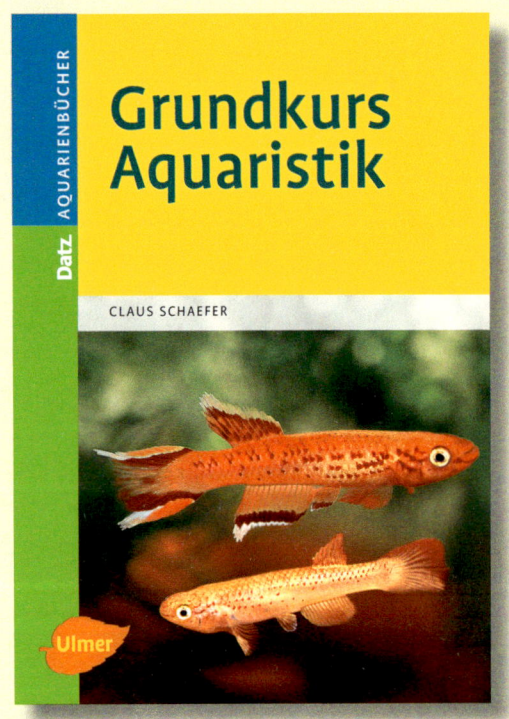